ニュートン

学《がく》の学校《がっこう》シリーズ

心《しん》理《り》学《がく》の学《がっ》校《こう》

まえがき

はじめまして。
ぼくの名前《なまえ》は「ぶートン」です。

科学《かがく》のおもしろさを、わかりやすく伝《つた》える
「科学《かがく》の学校《がっこう》シリーズ」の今回《こんかい》のテーマは
「心理学《しんりがく》」です。

「心《こころ》」とはなんでしょうか？
うれしくなったり、悲《かな》しくなったり、くやしくなったりするのは、
いったいなぜなのでしょうか？

ぶートン

人《ひと》の心《こころ》も、自分《じぶん》の心《こころ》も、なかなか思《おも》いどおりにならないものです。
そうして私《わたし》たちをいつもなやませる「心《こころ》」のしくみを、
科学的《かがくてき》に解《と》きあかそうというのが「心理学《しんりがく》」です。

そんな心理学《しんりがく》について、ぼくと友達《ともだち》の「ウーさん」が、
やさしく楽《たの》しく紹介《しょうかい》していきます。

この本《ほん》を読《よ》めば、自分《じぶん》やまわりの人《ひと》の「心《こころ》」について、
より深《ふか》く理解《りかい》することができるかもしれません。
もしそれが、あなたやまわりの人《ひと》の幸《しあわ》せにつながったら、
ぼくもウーさんもとってもうれしいです。

2024年《ねん》5月《がつ》

ぶートン

ウーさん

もくじ

2じかんめ 心のしくみ

5じかんめ 身のまわりの心理学

この本《ほん》の特徴《とくちょう》

ひとつのテーマを、2ページで紹介《しょうかい》します。メインのお話《はなし》（説明《せつめい》）だけでなく、関連《かんれん》する情報《じょうほう》を教《おし》えてくれる「メモ」や、テーマに関係《かんけい》のある豆《まめ》知識《ちしき》を得《え》られる「もっと知《し》りたい」もあります。

また、ちょっと面白《おもしろ》い話題《わだい》を集《あつ》めた「やすみじかん」のページも、本《ほん》の中《なか》にたまに登場《とうじょう》するので、探《さが》してみてくださいね。

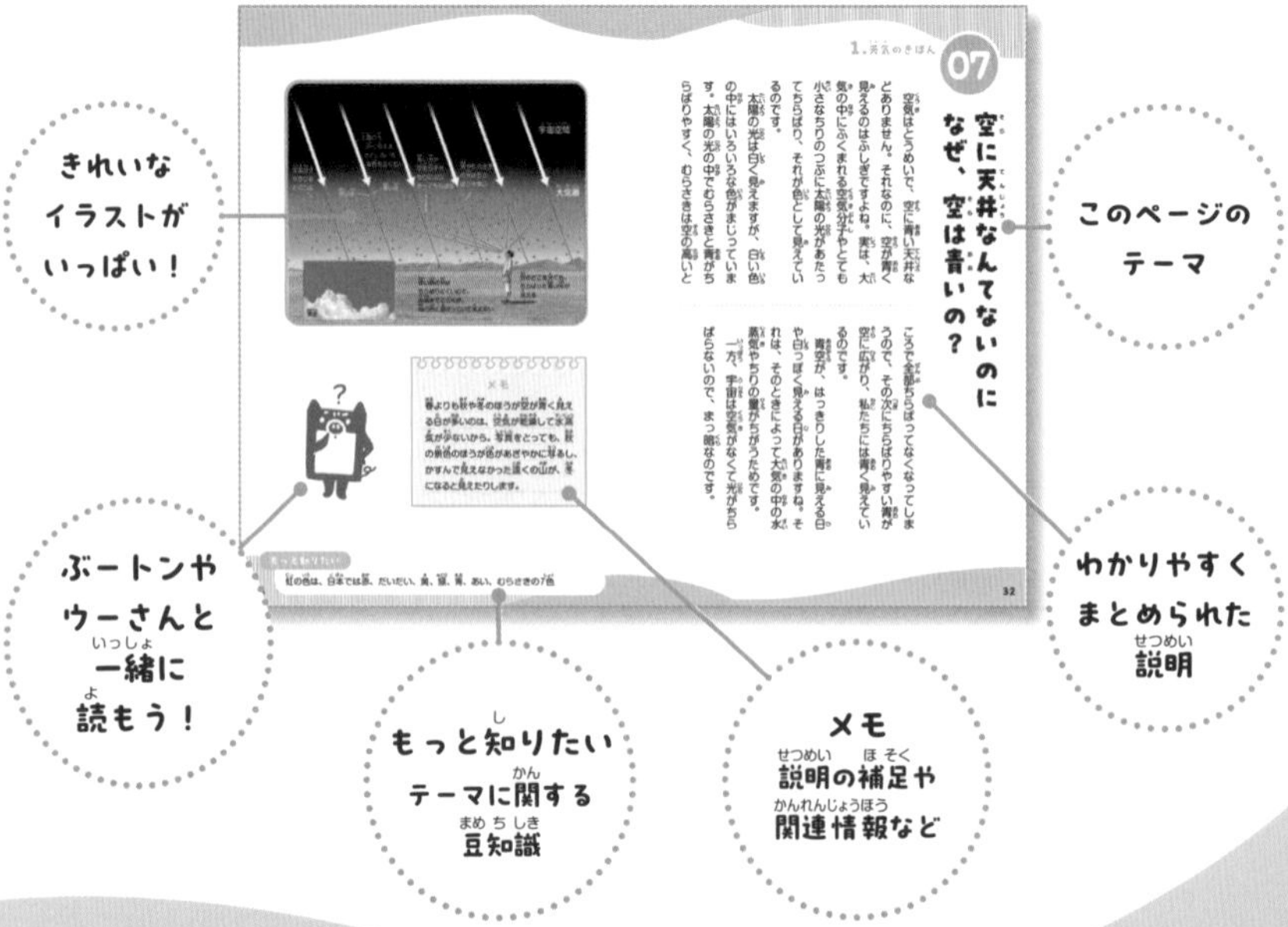
きれいなイラストがいっぱい！
このページのテーマ
07
空に天井なんてないのに なぜ、空は青いの？
わかりやすくまとめられた説明《せつめい》
ぶートンやウーさんと一緒《いっしょ》に読《よ》もう！
もっと知《し》りたい テーマに関《かん》する豆知識《まめちしき》
メモ 説明《せつめい》の補足《ほそく》や関連情報《かんれんじょうほう》など

キャラクター紹介《しょうかい》

ぶートン

科学雑誌《かがくざっし》『Newton《ニュートン》』から誕生《たんじょう》したキャラクター。まぁるい鼻《はな》がチャームポイント。

ウーさん

ぶートンの友達《ともだち》。うさぎのような長《なが》い耳《みみ》がじまん。いつもにくまれ口《ぐち》をたたいているけど、にくめないヤツ。

ぶートンは変身《へんしん》もできるよ！

炎《ほのお》

ハート

パソコン

悩《なや》み1

ぶートンの心《こころ》の相談室《そうだんしつ》 スマホで友《とも》だちとやりとりするのにつかれた

SNSやメッセージでやりとりするとき、心《こころ》にはどんなしくみがはたらくのでしょうか。自分《じぶん》の心《こころ》をよく観察《かんさつ》して、スマホのちょうどいい使《つか》いかたを見《み》つけられるといいですね。くわしくは、144ページなどを見《み》てみましょう。

送《おく》ったメッセージを
相手《あいて》がどう思《おも》ったか
すごく気《き》になっちゃう……

別にいいけど
なかなか返信《へんしん》が
こないと思《おも》ったら
……

ぼくはスマホより
おやつの時間《じかん》を
優先《ゆうせん》するよ

悩《なや》み 2

親《おや》にお願《ねが》いするとだいたいダメっていわれる

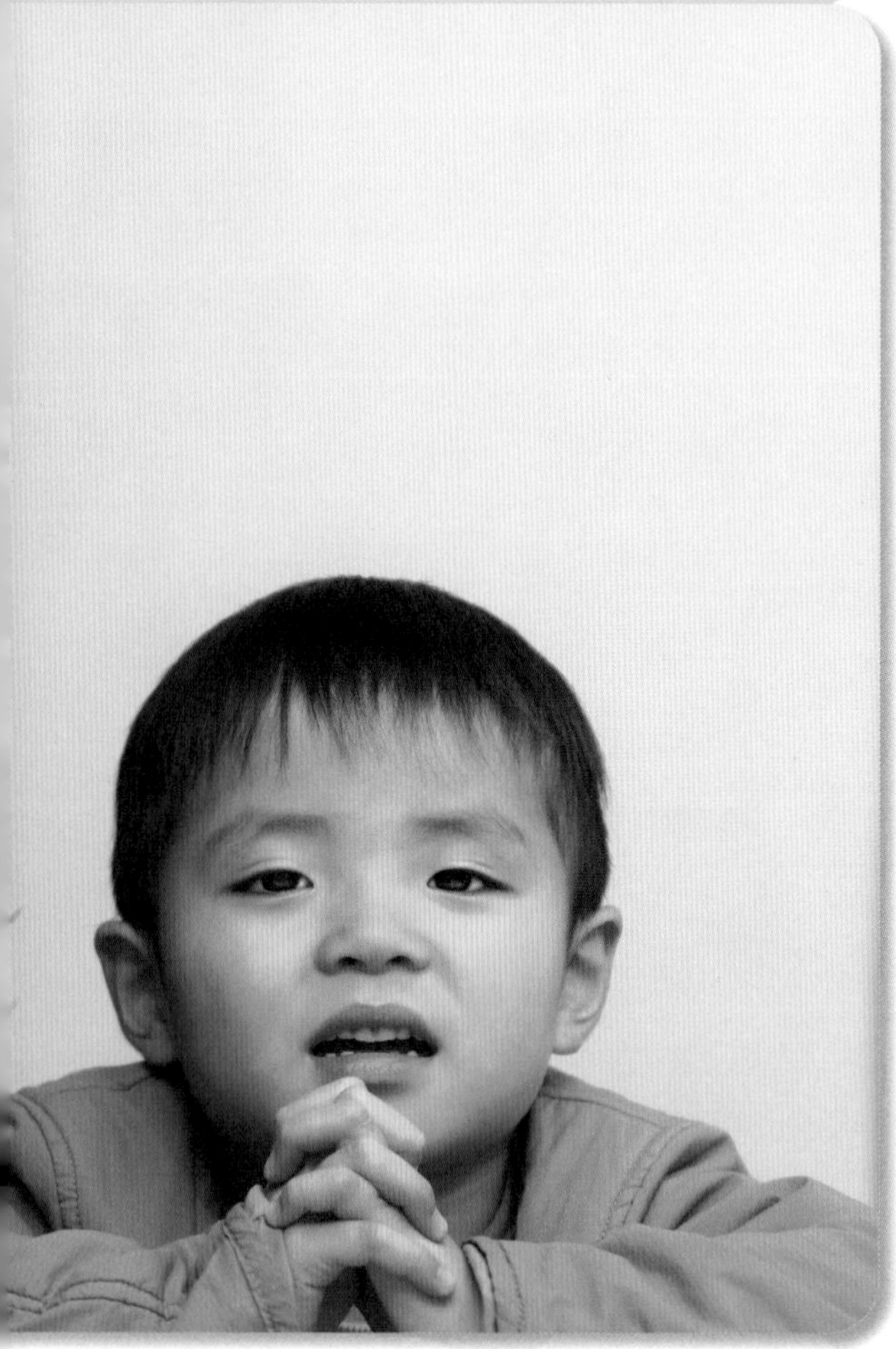

もしそれがあまりにも無茶《むちゃ》なお願《ねが》いならあきらめるしかありませんが、たとえば、買《か》ってもらえる確率《かくりつ》が高《たか》い食《た》べ物《もの》などをまずお願《ねが》いしてみてはどうでしょうか？ 158ページなどをヒントにしてみましょう。

どうしても
欲《ほ》しいおもちゃがあるんだけど、
ダメっていわれそう……
おもちゃに
変身《へんしん》するから
ぼくと遊《あそ》ぼう♪
頭《あたま》ごなしに
断《ことわ》られると納得《なっとく》
いかないよな

悩《なや》み3

気《き》になる人《ひと》にふりむいてもらいたい！

心理学《しんりがく》を勉強《べんきょう》したら
あの人《ひと》と両思《りょうおも》いに
なれる？

残念《ざんねん》ながら心理学《しんりがく》で人《ひと》の心《こころ》をあやつることはできませんが、人《ひと》の心《こころ》のしくみを理解《りかい》すると、両思《りょうおも》いに一歩《いっぽ》近《ちか》づけるかもしれません。168ページや170ページで、恋《こい》のアドバイスを紹介《しょうかい》しています。

ところで
恋《こい》ってなに？
恋《こい》の世界《せかい》は
奥深《おくぶか》いぜ

悩《なや》み4

欲《ほ》しいものがたくさんありすぎて困《こま》る

ショッピングで「欲《ほ》しい！」と思《おも》ったときは、いったん冷静《れいせい》になってよく考《かんが》えてみてください。もしかすると商品《しょうひん》を売《う》る会社《かいしゃ》やお店《みせ》がしかけた、心理学《しんりがく》の作戦《さくせん》かもしれません。162ページなどをチェックしてみましょう。

「期間限定《きかんげんてい》」とか
ぜったい欲《ほ》しくなっちゃうん
だよね……
売《う》る側《がわ》の作戦《さくせん》に
まんまとはまって
いるかもな
おこづかいが
100万円《まんえん》くらいあったら
いいのにね！

悩《なや》み5 勉強《べんきょう》になかなか集中《しゅうちゅう》できない

読《よ》みたい
マンガのことが
頭《あたま》からはなれない
……

心《こころ》のしくみを知《し》ると、集中力《しゅうちゅうりょく》ややる気《き》をアップするヒントがつかめるかも！くわしくは152ページや154ページで紹介《しょうかい》しています。

集中《しゅうちゅう》して
よーく
おぼえな〜

右《みぎ》のイラストの内容《ないよう》をおぼえてください。そのあと、この本《ほん》の記事《きじ》を何《なに》か1つ読《よ》んでから、153ページの問《もん》題《だい》にチャレンジしてみましょう。

1

じかんめ

心理学《しんりがく》とは？

「心《こころ》」について知《し》りたい。そう考《かんが》える人《ひと》はむかしからたくさんいました。そこで、人《ひと》の心《こころ》と行動《こうどう》の関係《かんけい》を、科学的《かがくてき》に解明《かいめい》しようとする学問《がくもん》が生《う》まれました。それが心理学《しんりがく》です。まずは、心理学《しんりがく》の基本的《きほんてき》なことがらや歴史《れきし》について見《み》ていきましょう。

01

科学《かがく》の力《ちから》で「心《こころ》」のしくみにせまるのが心理学《しんりがく》

「心理学《しんりがく》」とはなんでしょうか？もしかすると、人《ひと》の性格《せいかく》や思《おも》っていることなどを診断《しんだん》する「心理《しんり》テスト」を思《おも》い浮《う》かべる人《ひと》も多《おお》いかもしれませんね。人《ひと》の心《こころ》を読《よ》んだりあやつったりする「読心術《どくしんじゅつ》」や「マインドコントロール」を想像《そうぞう》する人《ひと》もいるかもしれません。でも、実際《じっさい》に大学《だいがく》で学《まな》んだり研究《けんきゅう》されたりする心理学《しんりがく》は、それらとはほとんど関係《かんけい》ありません。

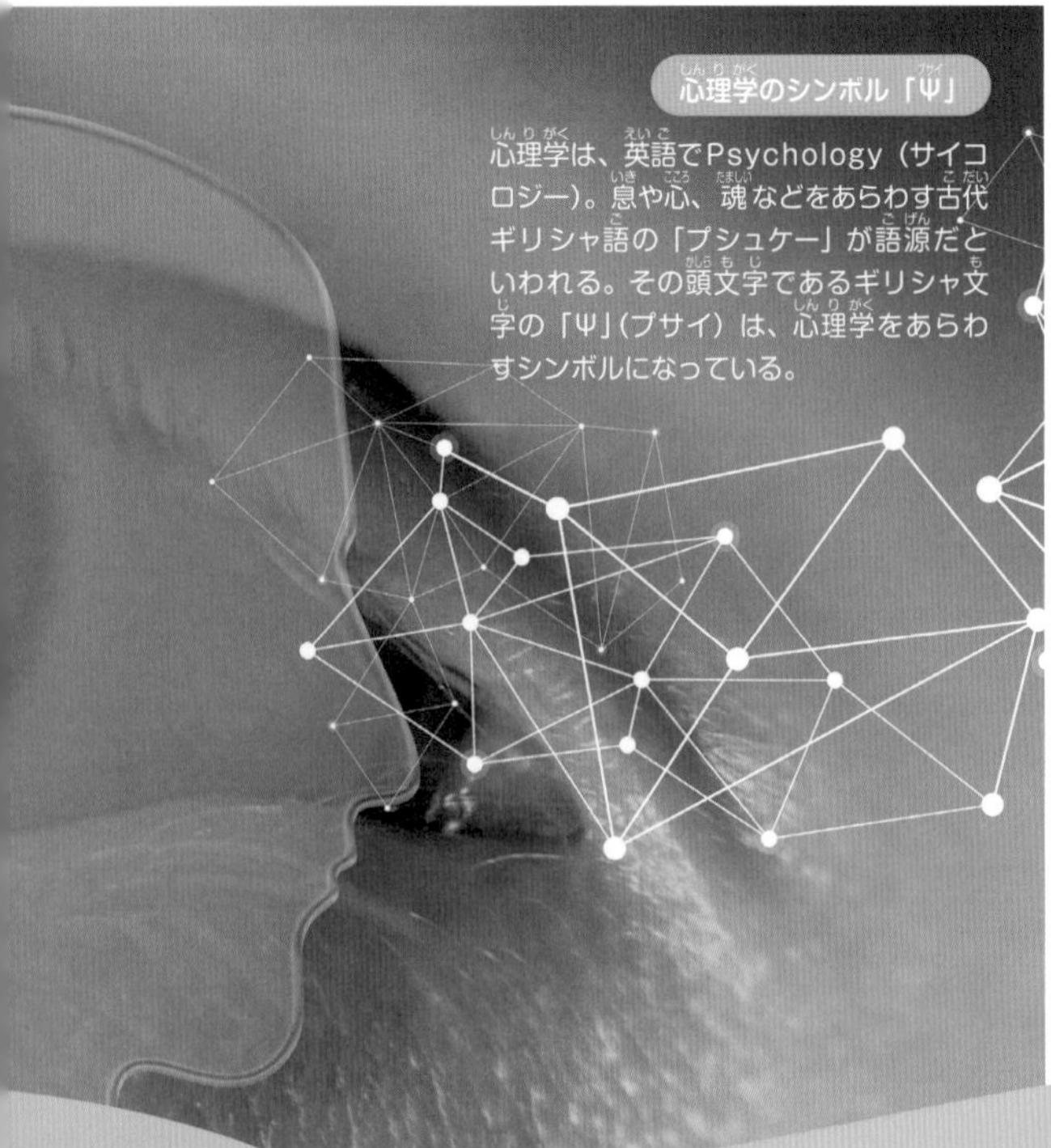

心理学《しんりがく》のシンボル「Ψ《プサイ》」

心理学《しんりがく》は、英語《えいご》でPsychology（サイコロジー）。息《いき》や心《こころ》、魂《たましい》などをあらわす古代《こだい》ギリシャ語《ご》の「プシュケー」が語源《ごげん》だといわれる。その頭文字《かしらもじ》であるギリシャ文字《もじ》の「Ψ」（プサイ）は、心理学《しんりがく》をあらわすシンボルになっている。

心理学《しんりがく》とは、「人《ひと》の心《こころ》のしくみや行動《こうどう》に関《かん》するルールを、科学的《かがくてき》な方法《ほうほう》によって明《あき》らかにしようとする学問《がくもん》」です。

心理学《しんりがく》で研究《けんきゅう》するのは、「特定《とくてい》の誰《だれ》か」ではなく、「多《おお》くの人《ひと》」に共通《きょうつう》してはたらく心《こころ》のしくみです。心《こころ》はとても複雑《ふくざつ》なので、どんなにすぐれた心理学者《しんりがくしゃ》でも、人《ひと》の心《こころ》を完全《かんぜん》に見透《みす》かすことはできません。それでも、心《こころ》のしくみを理《り》解《かい》することで、人《ひと》と人《ひと》のつながりをよりよいものにし、悩《なや》みを解決《かいけつ》に導《みちび》くことができます。

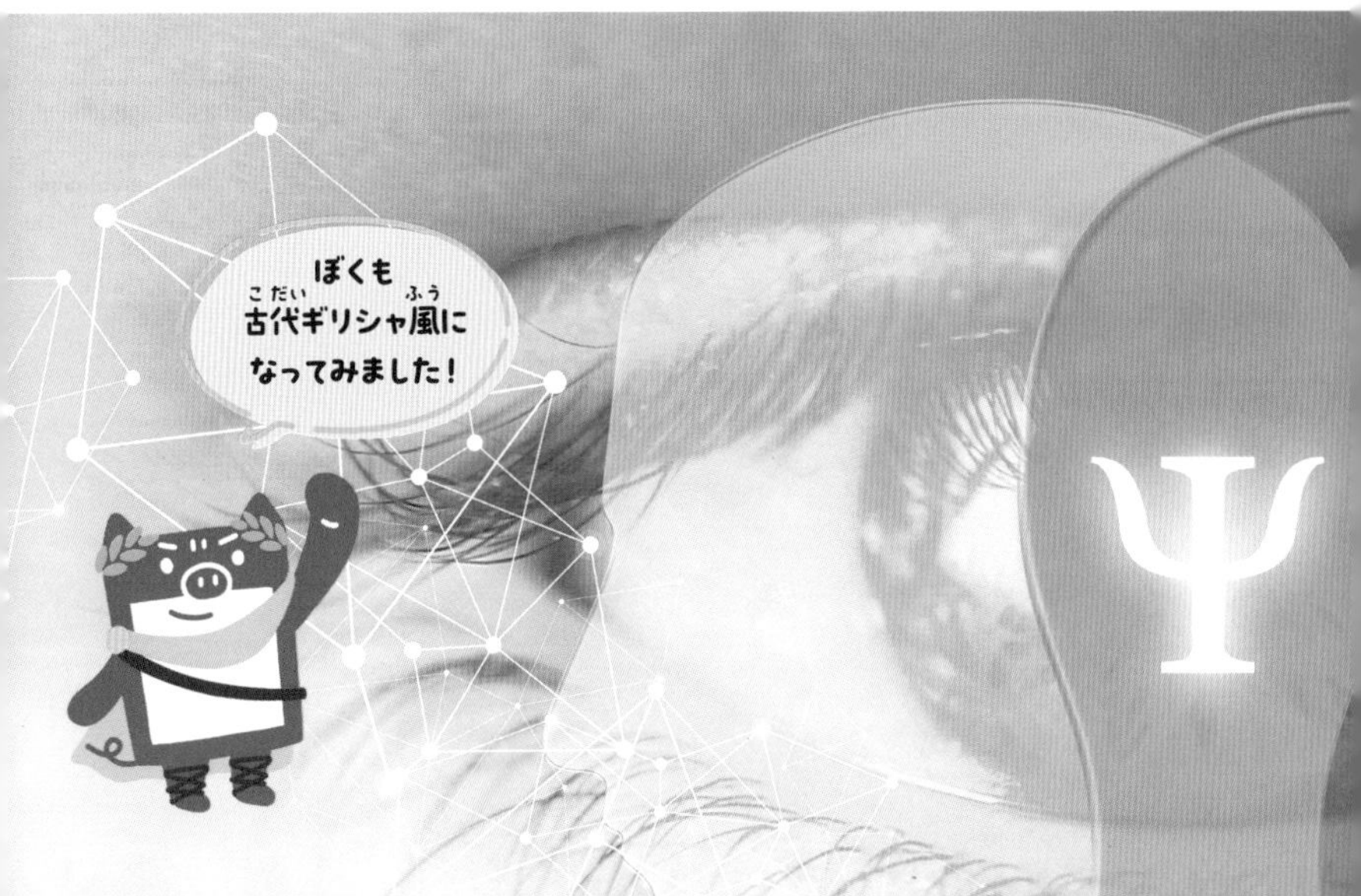
ぼくも
古代《こだい》ギリシャ風《ふう》に
なってみました！

もっと知《し》りたい

心理学《しんりがく》で用《もち》いられる診断《しんだん》テストは「心理検査《しんりけんさ》」といい、心理《しんり》テストとは区別《くべつ》される。

心《しん》理《り》学《がく》にはたくさんの種《しゅ》類《るい》がある

複雑《ふくざつ》で奥深《おくぶか》い「心《こころ》」を知《し》るためには、さまざまな角度《かくど》から研究《けんきゅう》する必要《ひつよう》があります。だから心理学《しんりがく》には、下《した》に示《しめ》したようにたくさんの研究分野《けんきゅうぶんや》があります。

この本《ほん》では、主《おも》に次《つぎ》のような心《しん》理学《りがく》を紹介《しょうかい》しています。

「社会心理学《しゃかいしんりがく》（↓34ページ）」は、集団《しゅうだん》の中《なか》での人《ひと》のふるまいや考《かんが》え方《かた》のクセなどを明《あき》らかにしていきます。

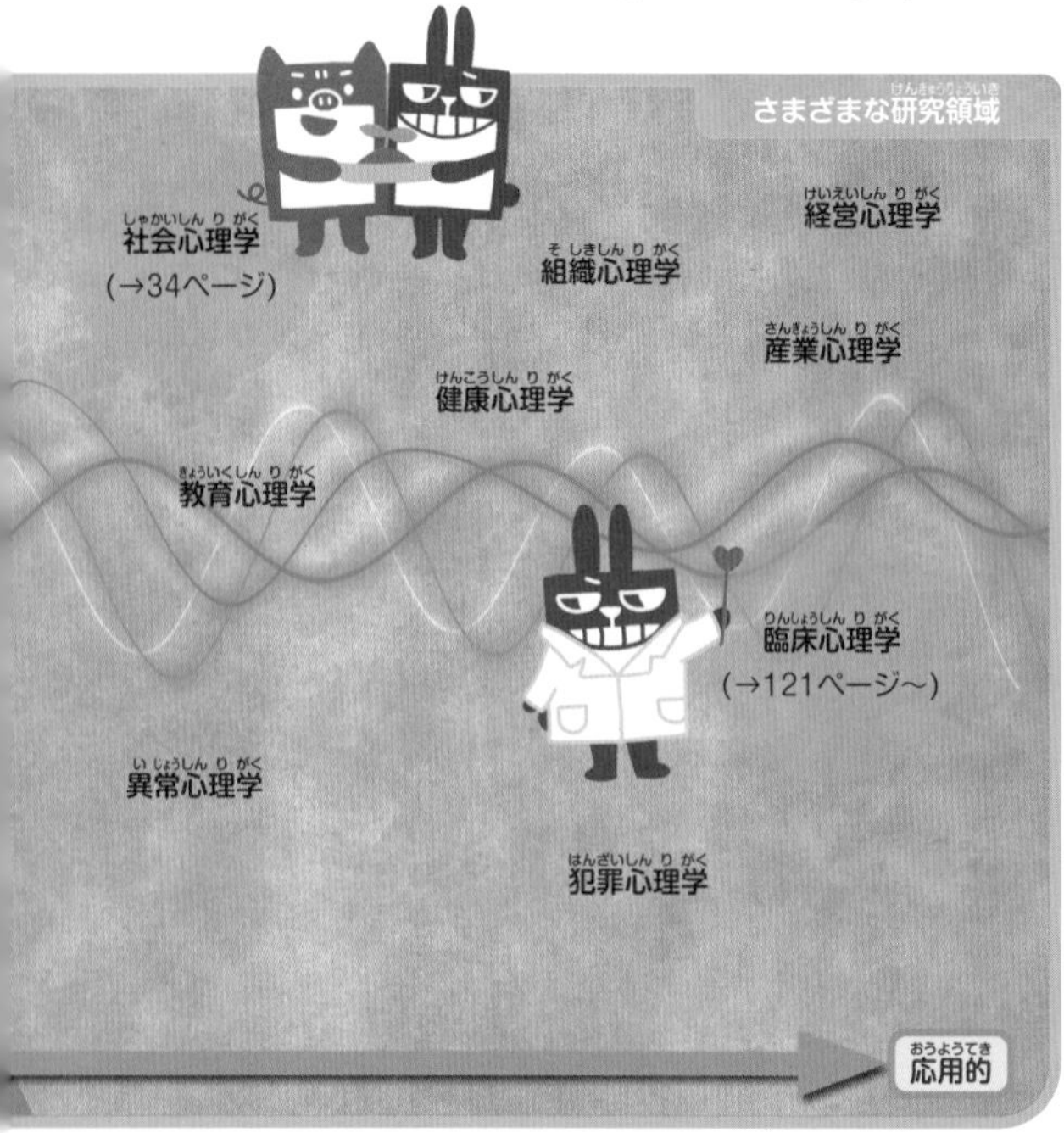

さまざまな研究領域《けんきゅうりょういき》
社会心理学《しゃかいしんりがく》
(→34ページ)
経営心理学《けいえいしんりがく》
組織心理学《そしきしんりがく》
産業心理学《さんぎょうしんりがく》
健康心理学《けんこうしんりがく》
教育心理学《きょういくしんりがく》
臨床心理学《りんしょうしんりがく》
(→121ページ～)
異常心理学《いじょうしんりがく》
犯罪心理学《はんざいしんりがく》
応用的《おうようてき》

「発達心理学《はったつしんりがく》（→70ページ～）」では、年齢《ねんれい》ごとの心《こころ》の発達《はったつ》・変化《へんか》への理解《りかい》を深《ふか》めます。

「パーソナリティ心理学《しんりがく》（→82ページ～）」は、個人《こじん》の性格《せいかく》への理解《りかい》を深《ふか》めます。

「臨床心理学《りんしょうしんりがく》（→121ページ～）」は、心《こころ》の病気《びょうき》や悩《なや》みを解決《かいけつ》するための支援方法《しえんほうほう》を生《う》みだしていきます。

このほかにも、さまざまな分野《ぶんや》の心理学《しんりがく》があります。自分《じぶん》の興味《きょうみ》がある分野《ぶんや》について調《しら》べてみるとおもしろいでしょう。

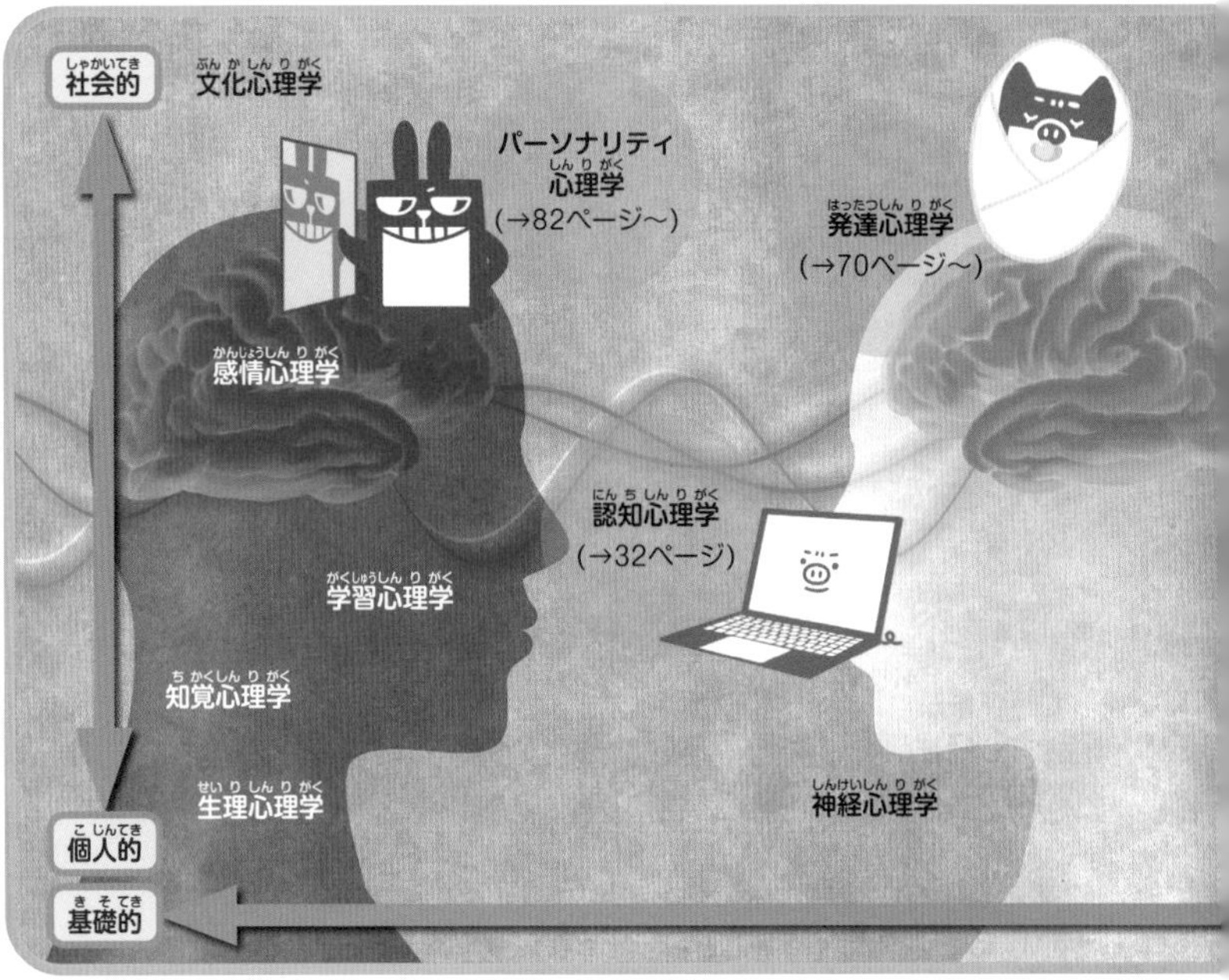
社会的《しゃかいてき》
文化心理学《ぶんかしんりがく》
パーソナリティ心理学《しんりがく》
(→82ページ～)
発達心理学《はったつしんりがく》
(→70ページ～)
感情心理学《かんじょうしんりがく》
認知心理学《にんちしんりがく》
(→32ページ)
学習心理学《がくしゅうしんりがく》
知覚心理学《ちかくしんりがく》
生理心理学《せいりしんりがく》
神経心理学《しんけいしんりがく》
個人的《こじんてき》
基礎的《きそてき》

もっと知《し》りたい

「脳《のう》」のはたらきを研究《けんきゅう》する「脳科学《のうかがく》」も、心理学《しんりがく》と似《に》たテーマを研究《けんきゅう》する。

03 どうやって「心《こころ》」のしくみを知《し》ることができるの？

心理学《しんりがく》で何《なに》より大切《たいせつ》なのは、「科学《かがく》的《てき》な方法《ほうほう》」を使《つか》った研究《けんきゅう》であることです。簡単《かんたん》に紹介《しょうかい》しますね。

「実験法《じっけんほう》」は、人《ひと》や動物《どうぶつ》にさまざまな刺激《しげき》をあたえ、その結果《けっか》おこる行動《こうどう》を観察《かんさつ》するというものです。「観察法《かんさつほう》」は、人《ひと》や動物《どうぶつ》が、日常生活《にちじょうせいかつ》や集団《しゅうだん》の中《なか》で、どのように行動《こうどう》するかを観察《かんさつ》します。「質問紙法《しつもんしほう》」は、実験《じっけん》の参加者《さんかしゃ》に質問用紙《しつもんようし》で質問《しつもん》をして答《こた》えてもらいます。ほかにも、「面接法《めんせつほう》」などの方法《ほうほう》もあります。

こうした方法《ほうほう》をもとに、人間《にんげん》の心《こころ》や行動《こうどう》を研究《けんきゅう》し、「ある条件《じょうけん》に対《たい》して、ある確率《かくりつ》で、こうした行動《こうどう》がみられる」といった結論《けつろん》を導《みちび》くのが心理学《しんりがく》です。

人《ひと》の心《こころ》に「絶対《ぜったい》」はありません。もし、心理学《しんりがく》の話題《わだい》で「必《かなら》ずこうなる」などと決《き》めつけたように主張《しゅちょう》しているものがあったら、それはにせものの心《しん》理学《りがく》です。

心理学《しんりがく》には数学《すうがく》を使《つか》う

心理学《しんりがく》では、「統計学《とうけいがく》」を使《つか》ってデータを分析《ぶんせき》します。統計学《とうけいがく》とは、たくさんデータを集《あつ》めてきて、そのばらつきぐあいから確率《かくりつ》の予測《よそく》を行《おこな》う、数学《すうがく》を応用《おうよう》した学問《がくもん》です。統計学《とうけいがく》を使《つか》うと、「ある状況《じょうきょう》におかれた人《ひと》は、何《なん》%の確率《かくりつ》で、こうした行動《こうどう》に出《で》る」と、人《ひと》の行動《こうどう》をある程度《ていど》予測《よそく》できるようになります。

心理学《しんりがく》は「科学《かがく》」でデータを集《あつ》める

心理学《しんりがく》に欠《か》かせないのが、科学《かがく》にもとづいたデータ集《あつ》めだ。ここではその方法《ほうほう》の一部《いちぶ》を紹介《しょうかい》している。

実験法《じっけんほう》

心理学《しんりがく》でもっとも広《ひろ》く使《つか》われる方法《ほうほう》。人《ひと》や動物《どうぶつ》にさまざまな刺激《しげき》や条件《じょうけん》をあたえ、その行動《こうどう》を観察《かんさつ》することで、どのような刺激《しげき》や条件《じょうけん》が行動《こうどう》の変化《へんか》をもたらしやすいかをつきとめる。

観察法《かんさつほう》

人《ひと》の自然《しぜん》な行動《こうどう》を観察《かんさつ》する。とくに「発達心理学《はったつしんりがく》（→70ページ~）」では、赤《あか》ちゃんや子《こ》どもの観察《かんさつ》が広《ひろ》く取《と》り入《い》れられている。

もっと知《し》りたい

面接法《めんせつほう》は、研究者《けんきゅうしゃ》が実験参加者《じっけんさんかしゃ》にインタビューして情報《じょうほう》を引《ひ》き出《だ》す方法《ほうほう》。

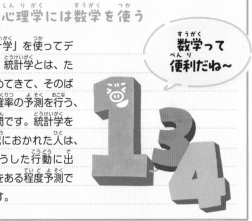

やすみじかん

心理学《しんりがく》はこうして生《う》まれた

　心理学《しんりがく》は、いつ生《う》まれたのでしょうか？　紀元前《きげんぜん》4世紀《せいき》ごろに活躍《かつやく》した古代《こだい》ギリシャの哲《てつ》学者《がくしゃ》アリストテレスは「魂《たましい》」、つまり人《ひと》の心《こころ》について論《ろん》じた文章《ぶんしょう》を残《のこ》しています。しかし、魂《たましい》にせよ心《こころ》にせよ、目《め》に見《み》えないものを科学《かがく》として論《ろん》じるのはむずかしいことでした。

　19世紀《せいき》、ドイツのライプツィヒ大学《だいがく》で、ヴェーバーとフェヒナーが「精神物理学《せいしんぶつりがく》」を提唱《ていしょう》しました。これは、実験《じっけん》という「科学的《かがくてき》な方《ほう》

紀元前《きげんぜん》4世紀《せいき》ごろに活躍《かつやく》した古代《こだい》ギリシャの哲学者《てつがくしゃ》アリストテレス。
人間《にんげん》の「魂《たましい》」について論《ろん》じた。

法《ほう》」によって、「感覚《かんかく》」という目《め》に見《み》えないものを数式《すうしき》にする、世界《せかい》ではじめての試《こころ》みでした。

この研究《けんきゅう》に影響《えいきょう》を受《う》けたのが、同《おな》じライプツィヒ大学《だいがく》で哲学《てつがく》を研究《けんきゅう》していたヴントです。感覚《かんかく》と同《おな》じように、「心《こころ》」のはたらきも実験《じっけん》で科学的《かがくてき》に研究《けんきゅう》できると考《かんが》えたのです。1879年《ねん》、ヴントはライプツィヒ大学《だいがく》に世界《せかい》ではじめての「心理学実験室《しんりがくじっけんしつ》」を開《ひら》きました。これが、近代的《きんだいてき》な心理学《しんりがく》の誕生《たんじょう》とされています。

1900年《ねん》ごろのライプツィヒ大学《だいがく》。この建物《たてもの》にヴントの心理学実験室《しんりがくじっけんしつ》があったといわれている。

04

音《おと》とごはんが結《むす》びつく「パブロフの犬《いぬ》の実験《じっけん》」

心理学《しんりがく》の歴史《れきし》で、もっとも有名《ゆうめい》な実《じっ》験《けん》の1つが「パブロフの犬《いぬ》の実験《じっけん》」です。この実験《じっけん》を行《おこな》ったイワン・パブロフは、19世紀《せいき》のロシアの学者《がくしゃ》でした。

左《ひだり》のイラストが、その実験《じっけん》です。犬《いぬ》にごはんをあげるときに、メトロノームの音《おと》をくりかえし聞《き》かせます。するとその犬《いぬ》は、ごはんがなくても、メトロノームの音《おと》を聞《き》いただけでよだれを出《だ》すようになりました。

犬《いぬ》がエサを見《み》て自然《しぜん》によだれを出《だ》す反応《はんのう》は「無条件反応《むじょうけんはんのう》（無条件反射《むじょうけんはんしゃ》）」とよばれます。一方《いっぽう》で、「音《おと》」という体《からだ》への刺激《しげき》と「よだれが出《で》る」という反応《はんのう》が結《むす》びつくのを、「条件反応《じょうけんはんのう》（条《じょう》件反射《けんはんしゃ》）」といいます。この2つは「古典的条件《こてんてきじょうけん》づけ」とよばれています。

この古典的条件《こてんてきじょうけん》づけは、人《ひと》にもおこります。たとえば、梅干《うめぼ》しを見《み》ると、まだ食《た》べてなくても口《くち》の中《なか》に自然《しぜん》につばがわいてきますね。これも同《おな》じしくみでおこっています。

パブロフの犬《いぬ》の実験《じっけん》

エサをあたえると
よだれが出《で》る
エサをあたえるのと同時《どうじ》に
メトロノームの音《おと》を聞《き》かせる
メトロノームの
音《おと》を聞《き》いただけ
でよだれが出《で》る
ようになる

早《はや》くごはん
ちょうだ〜い

古典的条件《こてんてきじょうけん》づけ

この実験《じっけん》の場合《ばあい》でいうと、よだれが出《で》るなどの反射《はんしゃ》や反応《はんのう》と、メトロノームの音《おと》のようなほかの刺激《しげき》とをわざと結《むす》びつけることを「古典的条件《こてんてきじょうけん》づけ」という。

もっと知《し》りたい

パブロフは、心理学《しんりがく》ではなく、人《ひと》の体《からだ》のしくみを研究《けんきゅう》していた生理学者《せいりがくしゃ》。

05 存在《そんざい》しない三角形《さんかっけい》が見《み》えるふしぎ

左《ひだり》のページにある、つぼのイラストを見《み》てみましょう。左右《さゆう》のふちに注目《ちゅうもく》すると、向《む》かいあっている人《ひと》の横顔《よこがお》が見《み》えてきませんか？　その下《した》の図《ず》はどうでしょうか。「三角形《さんかっけい》がえがかれている」と思《おも》った人《ひと》が多《おお》いかもしれません。でも、ここにえがかれているのは、切《き》れこみの入《はい》った3つの丸《まる》で、三角形《さんかっけい》ではありません。

このように、何《なに》かの「かたち」をとらえる心《こころ》のはたらきは、その「もの」だけでなく、「もの」がどのように配《はい》置《ち》されているかを含《ふく》んだ「全体《ぜんたい》」によっておこると考《かんが》えられます。これが、20世紀《せいき》のはじめにドイツで誕生《たんじょう》したゲシュタルト心理学《しんりがく》です。

ゲシュタルト心理学《しんりがく》は、「もの」をどのようにとらえるかという「知覚《ちかく》」を研究《けんきゅう》する認知心理学《にんちしんりがく》（↓32ページ）や、個人《こじん》だけでなく、個人《こじん》がおかれた社会《しゃかい》や環境《かんきょう》にも目《め》を向《む》ける社会心理学《しゃかいしんりがく》（↓34ページ）につながりました。

ルビンのつぼ

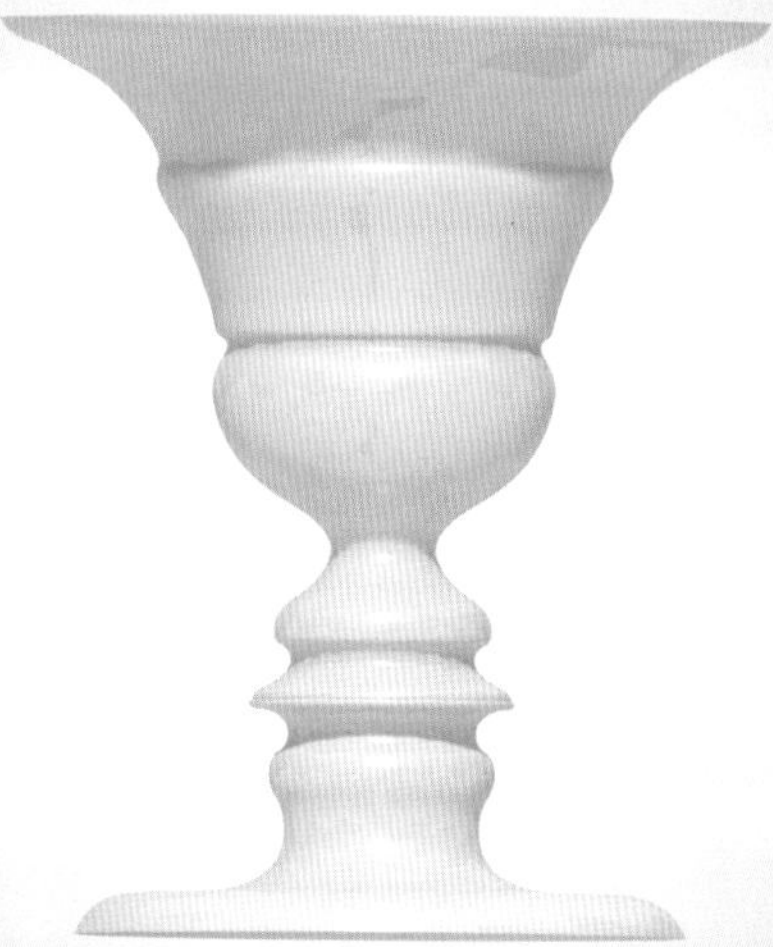

デンマークの心理学者《しんりがくしゃ》ルビンが考《かんが》えた。つぼの左右《さゆう》の輪郭《りんかく》に注目《ちゅうもく》すると、人《ひと》の横顔《よこがお》が見《み》えてくる。つぼの外側《そとがわ》を背景《はいけい》ととらえるか、内側《うちがわ》を背景《はいけい》ととらえるかによって見《み》えかたの結果《けっか》がことなる。

カニッツァの三角形《さんかっけい》

円《えん》に切《き》れこみが入《はい》った3つの図形《ずけい》が置《お》かれている。これによって、存在《そんざい》しないはずの三角形《さんかっけい》が中央《ちゅうおう》に置《お》かれているように見《み》える。イタリアの心理学者《しんりがくしゃ》カニッツァは、このような図形《ずけい》を数多《かずおお》く紹介《しょうかい》した。

もっと知《し》りたい

ゲシュタルト心理学《しんりがく》は、戦時中《せんじちゅう》のドイツでユダヤ系《けい》の学者《がくしゃ》が迫害《はくがい》され衰退《すいたい》した。

06 人《ひと》の心《こころ》はコンピューターに似《に》ている？

1950年代《ねんだい》、コンピューターの発展《はってん》にともなって、新《あたら》しい考《かんが》えかたの心理学《しんりがく》が誕生《たんじょう》しました。たとえば、パソコンやスマートフォンで計算《けいさん》するときには、電卓《でんたく》などのアプリケーションに数値《すうち》を入力《にゅうりょく》します。すると、あとはプログラムにしたがって、自動《じどう》で計算《けいさん》が行《おこな》われます。

これと同《おな》じように、人《ひと》の「体《からだ》」はパソコンやスマホのような情報《じょうほう》

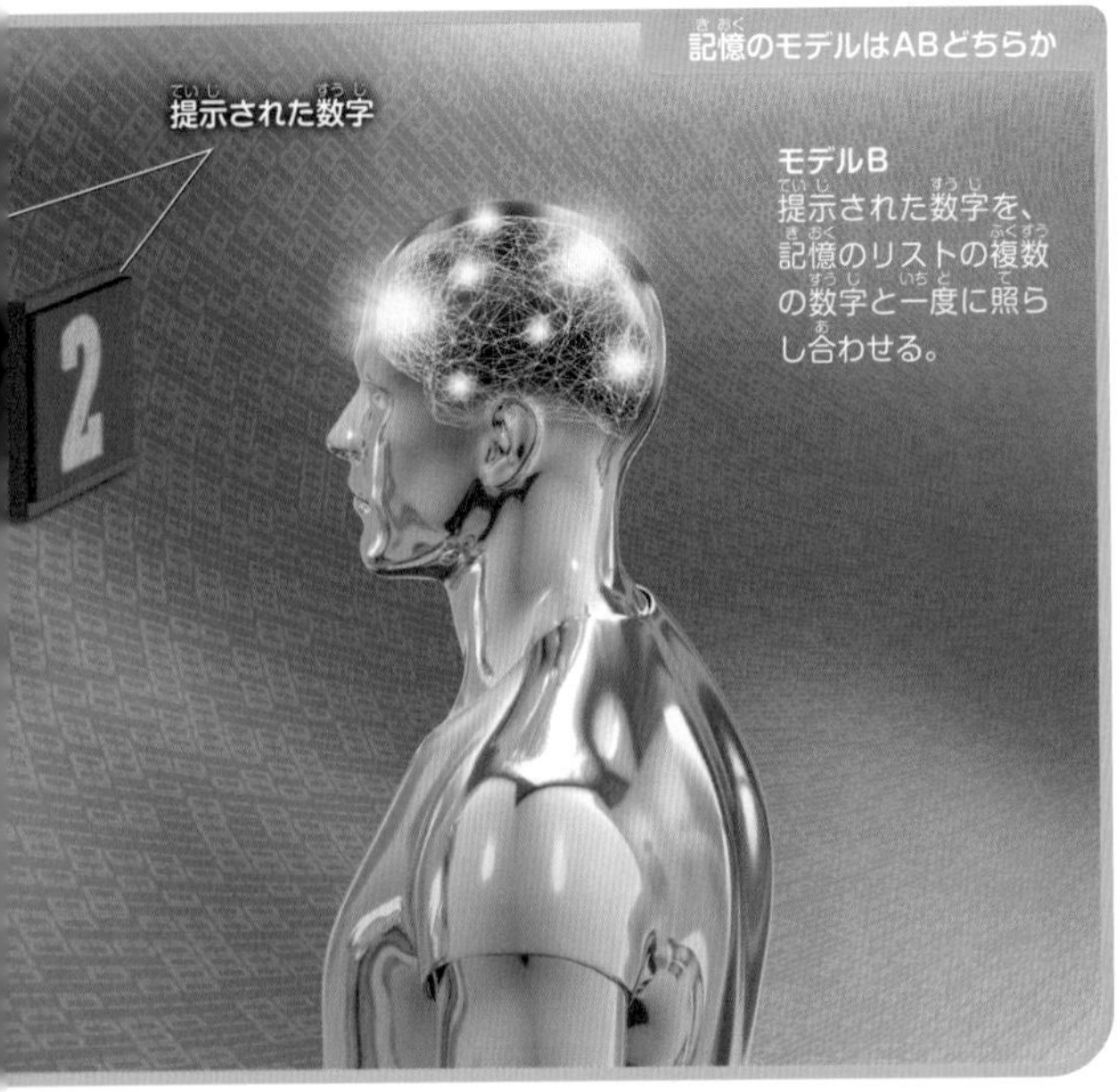
記憶《きおく》のモデルはABどちらか
提示《ていじ》された数字《すうじ》
2
モデルB
提示《ていじ》された数字《すうじ》を、記憶《きおく》のリストの複数《ふくすう》の数字《すうじ》と一度《いちど》に照《て》らし合《あ》わせる。

を得《え》る装置《そうち》であり、「心《こころ》」は情報《じょうほう》を処理《しょり》するためのアプリのようなものだと考《かんが》えたのが「認知心理学《にんちしんりがく》」です。

心《こころ》のはたらきを理解《りかい》するには、アプリにどのようなプログラムがしこまれているかを知《し》ることが重要《じゅうよう》です。下《した》の図《ず》は、「記憶《きおく》を思《おも》い出《だ》す」という心《こころ》のはたらきを、認知心理学《にんちしんりがく》の考《かんが》えかたにもとづいて2つのパターン（モデルAとモデルB）で考《かんが》えたものです。

心《こころ》はパソコンに似《に》てるんだって

記憶《きおく》のしくみを探《さぐ》る

アメリカの心理学者《しんりがくしゃ》、スタンバーグが行《おこな》った実験《じっけん》。数字《すうじ》のリストを見《み》せたあとに、あらためて見《み》せられた数字《すうじ》がリストの中《なか》にあったかどうかを参加者《さんかしゃ》に判断《はんだん》させた。実験《じっけん》にあたって、モデルAとモデルBの2つの仮説《かせつ》が立《た》てられた。実験《じっけん》では、リストの数字《すうじ》の個数《こすう》が多《おお》くなるほど判断《はんだん》に時間《じかん》がかかったことから、「記憶《きおく》のリストにある数字《すうじ》と1つずつ順番《じゅんばん》に照合《しょうごう》している（モデルA）」という結論《けつろん》が得《え》られた。

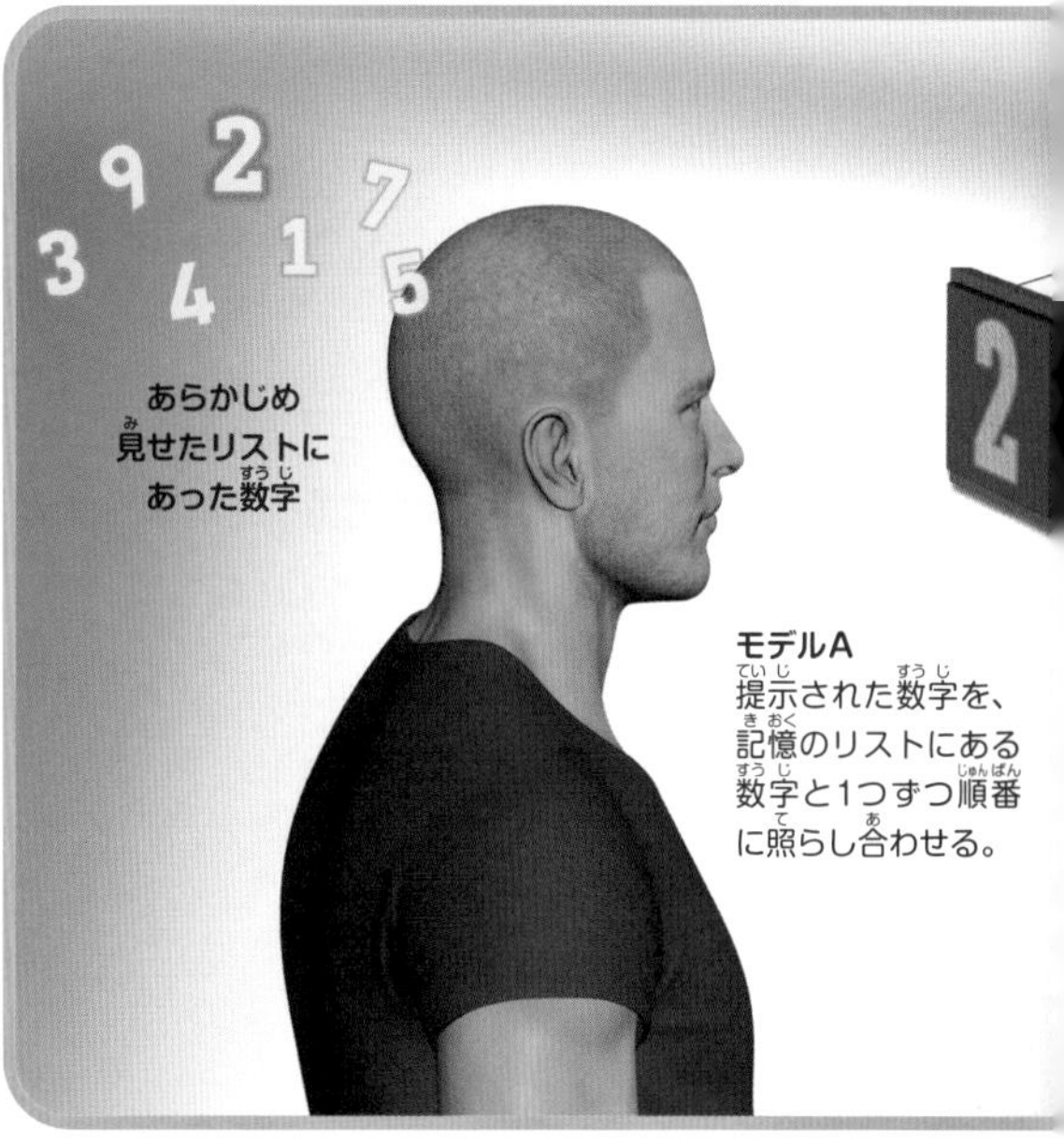
3
9
2
4
1
7
5
あらかじめ
見《み》せたリストに
あった数字《すうじ》
2
モデルA
提示《ていじ》された数字《すうじ》を、記憶《きおく》のリストにある数字《すうじ》と1つずつ順番《じゅんばん》に照《て》らし合《あ》わせる。

もっと知《し》りたい

認知心理学《にんちしんりがく》には、脳《のう》のしくみを明《あき》らかにして認知機能《にんちきのう》を探《さぐ》る研究方法《けんきゅうほうほう》もある。

07 「心《こころ》」は人《ひと》とのつき合《あ》いの中《なか》で変化《へんか》する

20世紀《せいき》はじめに活躍《かつやく》したドイツ出身《しゅっしん》のアメリカ人心理学者《じんしんりがくしゃ》クルト・レヴィンは、人《ひと》の考《かんが》えかたや行動《こうどう》が、ほかの人《ひと》との関係《かんけい》や、個人《こじん》を取《と》り巻《ま》く集団《しゅうだん》などに影響《えいきょう》されることに注目《ちゅうもく》しました。そうして生《う》まれたのが、人間関係《にんげんかんけい》から心《こころ》のしくみを考《かんが》える「社会心理学《しゃかいしんりがく》」です。

社会心理学《しゃかいしんりがく》は、ゲシュタルト心理学《しんりがく》（↓30ページ）の考《かんが》えかたを受《う》けついでいます。ゲシュタルト心理学《しんりがく》では、人《ひと》が「もの」を感《かん》じとる知覚《ちかく》は、「もの」を単純《たんじゅん》に足《た》し合《あ》わせた結果《けっか》ではなく、「もの」がどのように配置《はいち》されているかなどの「環境《かんきょう》」によって決《き》まると考《かんが》えます。社会心理学《しゃかいしんりがく》は、その考《かんが》えかたを、知覚《ちかく》だけではなく思考《しこう》にまで広《ひろ》げて考《かんが》えたのです。

社会心理学《しゃかいしんりがく》では、私《わたし》たちの「心《こころ》」がほかの人《ひと》とのつながりの中《なか》で受《う》ける影響《えいきょう》について研究《けんきゅう》します。3じかんめでくわしく扱《あつか》っているので、見《み》てみてくださいね。

人《ひと》の行動《こうどう》は「場《ば》」でかわる

「場《ば》」とは、その人《ひと》がおかれた環境《かんきょう》や生活《せいかつ》している場所《ばしょ》のこと。下《した》は職場《しょくば》の例《れい》。ほめてくれる上司《じょうし》がいる職場《しょくば》では、積極的《せっきょくてき》に行動《こうどう》できる人《ひと》が多《おお》い。しかし、いつもしかってくる上《じょう》司《し》のいる職場《しょくば》では、おびえた態度《たいど》になってしまう。つまり、どんな上司《じょうし》がいる「場《ば》」かによって、人《ひと》の行動《こうどう》がかわるというわけだ。

積極的《せっきょくてき》に行動《こうどう》できる職場《しょくば》

ほめたりはげましてくれる上司《じょうし》がいるなど、人《ひと》をひきつける「場《ば》」。

おびえた態度《たいど》になる職場《しょくば》

いつもしかってくるこわい上司《じょうし》がいるなど、遠《とお》ざけたくなるような「場《ば》」。

「集団《しゅうだん》」によって行動《こうどう》がかわる

レヴィンが行《おこな》った実験《じっけん》の例《れい》。実験当時《じっけんとうじ》のアメリカではあまり食卓《しょくたく》に出《で》なかったレバーを食《た》べるよう、参加者《さんかしゃ》に頼《たの》んだ。そして、講師《こうし》からレバーの調理法《ちょうりほう》について講義《こうぎ》を受《う》けたグループと、レバーを食《た》べることについて話《はな》し合《あ》いをするグループに分《わ》けた。すると、講義《こうぎ》を受《う》けたグループより、話《はな》し合《あ》いでみずからの意思《いし》を発表《はっぴょう》しあったグループのほうが、食卓《しょくたく》にレバーを出《だ》す比率《ひりつ》が高《たか》くなるという結果《けっか》になった。

講義《こうぎ》を受《う》けたグループ

レバーの食《た》べ方《かた》などについて講義《こうぎ》を受《う》けた。おたがいの意思交換《いしこうかん》はしなかった。

話《はな》し合《あ》いをしたグループ

レバーを食《た》べることについて討議《とうぎ》し、自分《じぶん》の意思《いし》を発表《はっぴょう》しあった。

もっと知《し》りたい

レヴィンは戦争《せんそう》に行《い》った体験《たいけん》から、人《ひと》の行動《こうどう》が「場《ば》」に影響《えいきょう》を受《う》けると考《かんが》えた。

08 人《ひと》はいつも自分《じぶん》の意思《いし》で行動《こうどう》しているわけではない

心《こころ》の病気《びょうき》は、むかしは悪霊《あくりょう》などが原《げん》因《いん》と考《かんが》えられていましたが、19世紀《せいき》になると、脳《のう》や神経《しんけい》と結《むす》びつけて考《かんが》えられるようになりました。そのようななかで活躍《かつやく》したのが、オーストリアの精《せい》神科医《しんかい》ジークムント・フロイトです。

フロイトは「無意識《むいしき》」に着目《ちゃくもく》しました。無意識《むいしき》とは、自分《じぶん》でしっかり把握《はあく》していない考《かんが》えのことです。私《わたし》たちは、自分《じぶん》の心《こころ》をすべて自分《じぶん》であやつっている気《き》になりがちです。でも、フロイトによれば、心《こころ》のほとんどは「無意《むい》識《しき》」でできています。たとえば、教室《きょうしつ》に入《はい》ってから、わざわざ「よし、自分《じぶん》の席《せき》に座《すわ》ろう」と考《かんが》えてから席《せき》に座《すわ》る人《ひと》は少《すく》ないのではないでしょうか。たいていは無意識《むいしき》に、気《き》づいたら席《せき》に座《すわ》っているくらいのことが多《おお》いはずです。

フロイトは、「自由連想法《じゆうれんそうほう》」や「夢《ゆめ》分析《ぶんせき》」などで、心《こころ》の病気《びょうき》をもった人《ひと》の無意識《むいしき》を理解《りかい》し、治療《ちりょう》につなげようとしました。

どちらのイスに座《すわ》るか。選択《せんたく》は、無意識《むいしき》に決《き》まる

ある男性《だんせい》が、赤《あか》と緑《みどり》のイスから、緑《みどり》のイスを無意識的《むいしきてき》に選《えら》ぶようすをえがいている。フロイトは、私《わたし》たちの心《こころ》の大部分《だいぶぶん》は無意識《むいしき》に支配《しはい》されていると考《かんが》えた。

自由連想法《じゆうれんそうほう》

ソファに横《よこ》になったリラックスした状態《じょうたい》で行《おこな》う。患者《かんじゃ》は思《おも》い浮《う》かんだことを自由《じゆう》に話《はな》し、その言葉《ことば》から専門家《せんもんか》が精神分析《せいしんぶんせき》をする。

夢分析《ゆめぶんせき》

夢《ゆめ》は、その人《ひと》の無意識《むいしき》の願望《がんぼう》を象徴《しょうちょう》するものなので、夢《ゆめ》の内容《ないよう》を分析《ぶんせき》することで、無意識《むいしき》に何《なに》を考《かんが》えているかを明《あき》らかにできるとフロイトは考《かんが》えた。

もっと知《し》りたい

フロイトは、学生時代《がくせいじだい》はウナギの精巣《せいそう》を見《み》つける研究《けんきゅう》をしていた。

09 すべての人《ひと》が心《こころ》の中《なか》に同《おな》じ「無意識《むいしき》」をもっている？

前《まえ》のページで紹介《しょうかい》したフロイトに影響《えいきょう》を受《う》けたのが、スイスの精神科医《せいしんかい》であるカール・グスタフ・ユングです。ユングは、「無意識《むいしき》」についてフロイトとはちがう意見《いけん》をもっていました。

あるときユングは、心《こころ》の病気《びょうき》をわずらった人《ひと》の幻覚《げんかく》の内容《ないよう》が、たまたま本《ほん》で読《よ》んだ古代《こだい》の宗教的《しゅうきょうてき》な内容《ないよう》と同《おな》じであることに気《き》づきました。世界《せかい》の神話《しんわ》には、たくさんの共通点《きょうつうてん》があります。ここから、ユングは個人《こじん》の「無意識《むいしき》」よりも、もっと根底《こんてい》の奥深《おくぶか》い部分《ぶぶん》に、人類《じんるい》みんなに共通《きょうつう》する「無意識《むいしき》」があると考《かんが》えたのです。これを「集合的無意識《しゅうごうてきむいしき》」といいます。こうしたちがいから、ユングの心理学《しんりがく》は「分析心理学《ぶんせきしんりがく》」とよばれています。

また、ユングは、「リビドー」とよばれる心《こころ》のエネルギーが、自分《じぶん》の内側《うちがわ》に向《む》かうか、外側《そとがわ》に向《む》かうかなどによって、人《ひと》の性格《せいかく》を8つのグループに分《わ》けて考《かんが》えました。

ぼくは
「外向直感型《がいこうちょっかんがた》」
かな！

タイプ論《ろん》

ユングは、興味《きょうみ》や関心《かんしん》といった心《こころ》のエネルギー(リビドー)が、自分《じぶん》の内側《うちがわ》に向《む》かうか、外側《そとがわ》に向《む》かうかによって、外向型《がいこうがた》と内向型《ないこうがた》の2タイプに分《わ》かれるとした。

オレは
「内向思考型《ないこうしこうがた》」
かなぁ

	外向型《がいこうがた》	内向型《ないこうがた》
	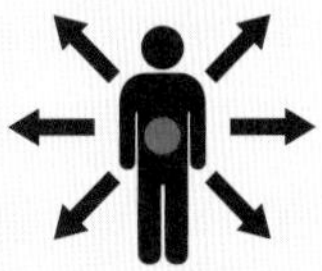 エネルギーが外《そと》に向《む》かう	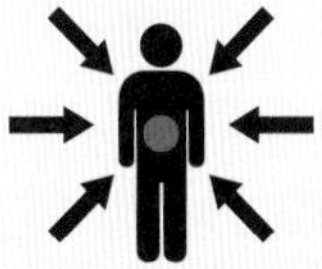 エネルギーが内《うち》に向《む》かう
思考《しこう》  物事《ものごと》を合理的《ごうりてき》に判断《はんだん》する	**外向思考型《がいこうしこうがた》** 合理的《ごうりてき》に物事《ものごと》を考《かんが》え、客観的《きゃっかんてき》な事実《じじつ》を重《おも》んじるタイプ。	**内向思考型《ないこうしこうがた》** 主観《しゅかん》を重視《じゅうし》し、他人《たにん》の意見《いけん》に惑《まど》わされないタイプ。
感情《かんじょう》  物事《ものごと》を感情《かんじょう》で判断《はんだん》する	**外向感情型《がいこうかんじょうがた》** 共感性《きょうかんせい》が高《たか》く、対人《たいじん》スキルが高《たか》い。	**内向感情型《ないこうかんじょうがた》** 感受性《かんじゅせい》が高《たか》く、自分《じぶん》の内面《ないめん》の充実《じゅうじつ》を重《おも》んじる。
感覚《かんかく》  物事《ものごと》を感覚《かんかく》で判断《はんだん》する	**外向感覚型《がいこうかんかくがた》** 現実《げんじつ》への順応性《じゅんのうせい》が高《たか》く、快楽《かいらく》を追求《ついきゅう》する傾向《けいこう》が強《つよ》い。	**内向感覚型《ないこうかんかくがた》** 理屈《りくつ》より物事《ものごと》の本質《ほんしつ》を感覚《かんかく》で感《かん》じ取《と》ることを好《この》む。
直感《ちょっかん》  物事《ものごと》を直感《ちょっかん》で判断《はんだん》する	**外向直感型《がいこうちょっかんがた》** アイデアやひらめきを重視《じゅうし》し、新《あら》たな可能性《かのうせい》を追求《ついきゅう》するタイプ。	**内向直感型《ないこうちょっかんがた》** 夢見《ゆめみ》がちで、ひらめきを重視《じゅうし》する芸術家《げいじゅつか》タイプ。

心《こころ》の4つの機能《きのう》

ユングは、心《こころ》には思考《しこう》、感情《かんじょう》、感覚《かんかく》、直感《ちょっかん》の4つの機能《きのう》があると考《かんが》えた。

性格《せいかく》の8つのタイプ

ユングは、心《こころ》の4つの機《き》能《のう》は、外向型《がいこうがた》、内向型《ないこうがた》の度合《どあ》いと結びついて、8種《しゅ》のタイプをつくるとした。

もっと知《し》りたい

ユングは、降霊術《こうれいじゅつ》や錬金術《れんきんじゅつ》などのオカルト分野《ぶんや》にも興味《きょうみ》をもっていた。

10 「失敗《しっぱい》する勇気《ゆうき》」で成功《せいこう》する未来《みらい》をつかむことができる

オーストリアの精神科医《せいしんかい》アルフレッド・アドラーは、36ページで紹介《しょうかい》したフロイトと共同《きょうどう》で研究《けんきゅう》を行《おこな》いましたが、考《かんが》えかたのちがいから、のちに別々《べつべつ》に研究《けんきゅう》するようになりました。

フロイトは、人《ひと》の心《こころ》は「理性《りせい》と感情《かんじょう》」、「意識《いしき》と無意識《むいしき》」のようにいくつかの側面《そくめん》に分《わ》けられると考《かんが》えました。これに対《たい》しアドラーは、人《ひと》は「個人《こじん》」というこれ以上《いじょう》分《わ》けられないものであるとしました。そのため、アドラーの心理《しんり》学《がく》は、「個人心理学《こじんしんりがく》」ともよばれます。

アドラーの心理学《しんりがく》では、「失敗《しっぱい》する勇気《ゆうき》」が大切《たいせつ》と考《かんが》えます。誰《だれ》でも、失敗《しっぱい》することは怖《こわ》いし、はずかしいものです。でも、失敗《しっぱい》を恐《おそ》れていては何事《なにごと》も前《まえ》に進《すす》みません。失敗《しっぱい》したら、なぜ失敗《しっぱい》したのかを考《かんが》えて、乗《の》り越《こ》えればいいだけのこと。アドラーは、「失敗《しっぱい》した」という過去《かこ》にとらわれず、「成《せい》功《こう》させる」という未来《みらい》への目的《もくてき》に集中《しゅうちゅう》するべきだと説《と》いたのです。

劣等《れっとう》コンプレックス

「劣等《れっとう》コンプレックス」は、自分《じぶん》の劣等感《れっとうかん》を目立《めだ》つように示《しめ》して、「どうせできない」といいわけをすること。ただし、アドラーは劣等感《れっとうかん》を悪《わる》いものとはしていない。劣等感《れっとうかん》を克服《こくふく》しようとする思《おも》いが、行動《こうどう》のエネルギーとなるからだ。

運動《うんどう》オンチだから、
何《なに》もかもがダメなんだ

アドラーの理論《りろん》

アドラーの心理学《しんりがく》には、客観的《きゃっかんてき》にどう見《み》えるかではなく、その人《ひと》がどうとらえるかを重視《じゅうし》するという「認知論《にんちろん》」などがある。たとえば、犬《いぬ》が怖《こわ》い人《ひと》に「怖《こわ》くないよ」といいきかせるのではなく、どうしたらその人《ひと》が「犬《いぬ》が怖《こわ》くなくなるか」を考《かんが》えることが重要《じゅうよう》になる。

本人《ほんにん》には
獰猛《どうもう》な犬《いぬ》に見《み》える

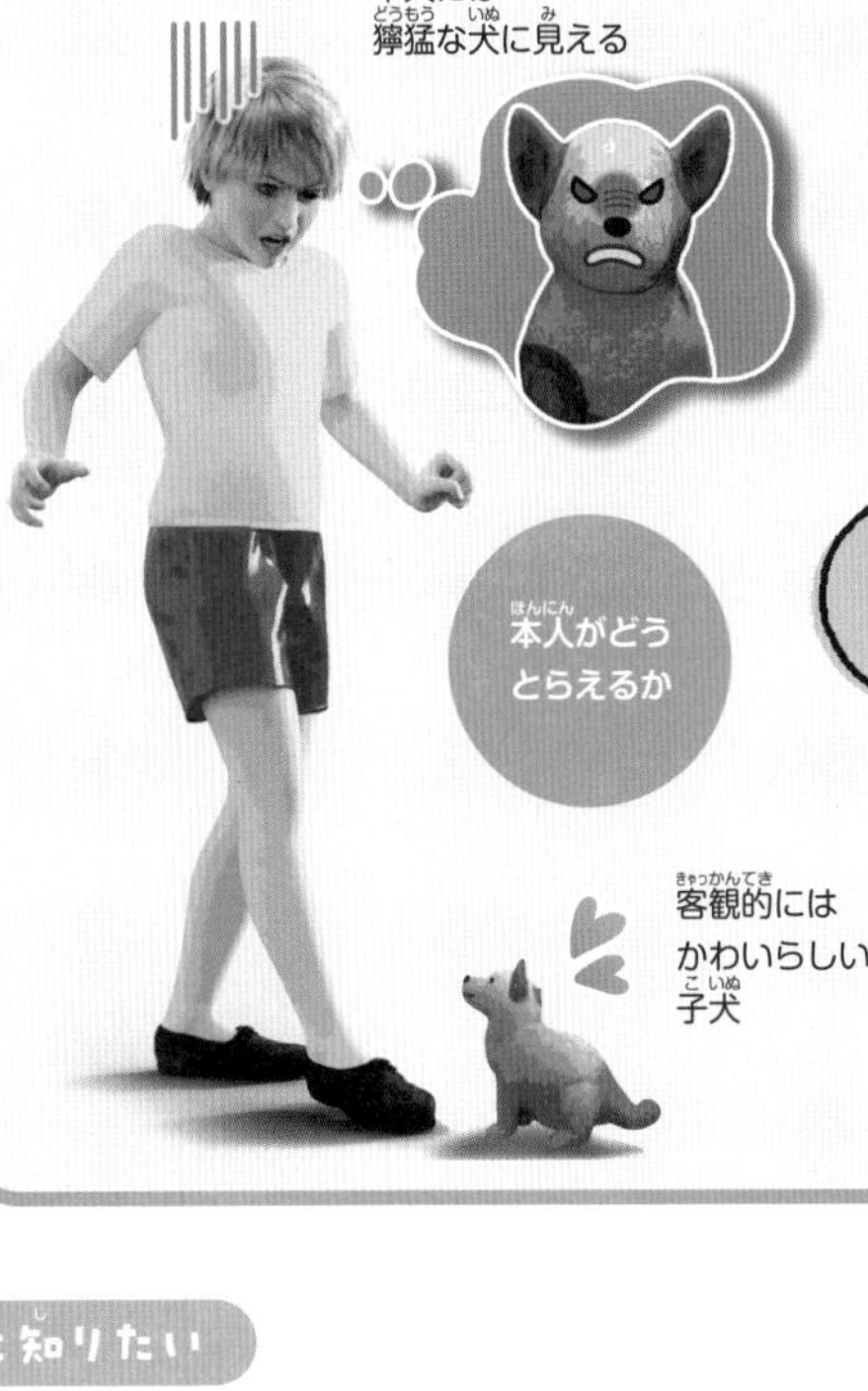

客観的《きゃっかんてき》には
かわいらしい
子犬《こいぬ》

もっと知《し》りたい

アドラーによると、「人《ひと》の悩《なや》みはすべて、他人《たにん》との関《かか》わりについての悩《なや》み」である。

やすみじかん

心理学《しんりがく》を使《つか》うお仕事《しごと》

心理学《しんりがく》のプロフェッショナルとして、人《ひと》の心《こころ》の問題《もんだい》に向《む》き合《あ》う仕事《しごと》がいくつかあります。心理《しんり》カウンセラー、学校心理士《がっこうしんりし》、臨床発達心理士《りんしょうはったつしんりし》などです。

そうした仕事《しごと》をするために、国家資格《こっかしかく》である「公認心理師《こうにんしんりし》」、認定資格《にんていしかく》である「臨床心理士《りんしょうしんりし》」をはじめ、さまざまな資格《しかく》があります。

「心《こころ》」の問題《もんだい》をかかえた人《ひと》の手助《てだす》けをするのは重要《じゅうよう》な仕事《しごと》だ。心理学《しんりがく》の専門家《せんもんか》になるには、大学《だいがく》で学《まな》んだり、むずかしい試験《しけん》に合格《ごうかく》したりする必要《ひつよう》がある。

2 じかんめ

心《こころ》のしくみ

心《しん》理《り》学《がく》を学《まな》ぶと、多《おお》くの人《ひと》に共通《きょうつう》する心《こころ》のしくみが見《み》えてきます。ここでは、認《にん》知《ち》心《しん》理《り》学《がく》や発《はっ》達《たつ》心《しん》理《り》学《がく》の分《ぶん》野《や》から、記《き》憶《おく》や思《おも》い出《で》と脳《のう》の関《かん》係《けい》、赤《あか》ちゃんから大人《おとな》になっていくまでの心《こころ》の成《せい》長《ちょう》のようすなどを紹《しょう》介《かい》します。

01 記憶《きおく》はどうやってつくられるの？

「心《こころ》」は体《からだ》のどこにあるのでしょう？　心臓《しんぞう》のある「胸《むね》」と答《こた》える人《ひと》もいるかもしれませんね。ただし、科学《かがく》の世界《せかい》では「思《おも》ったり考《かんが》えたりする」のは「脳《のう》」の仕事《しごと》です。ここからは、脳《のう》と記憶《きおく》の関係《かんけい》から心《こころ》のしくみを解《と》き明《あ》かす「認知心理学《にんちしんりがく》」を紹介《しょうかい》していきます。

まずは、私《わたし》たちの脳《のう》がどのように「記憶《きおく》」をするかみてみましょう。

脳《のう》には、本能《ほんのう》や感情《かんじょう》などをつかさどる「大脳辺縁系《だいのうへんえんけい》」があります。目《め》や鼻《はな》、皮膚《ひふ》などから送《おく》られてきた情報《じょうほう》はまず、大脳辺縁系《だいのうへんえんけい》にある「嗅内皮質《きゅうないひしつ》」に集《あつ》められ、「海馬《かいば》」に送《おく》られます。

海馬《かいば》は、脳《のう》が受《う》け取《と》った情報《じょうほう》を整理《せいり》したりまとめたりする司令塔《しれいとう》のような部分《ぶぶん》です。海馬《かいば》が整理《せいり》した情報《じょうほう》は、脳《のう》の外側《そとがわ》をおおっている「大脳皮質《だいのうひしつ》」に送《おく》られます。さらに「視覚野《しかくや》」や「嗅覚野《きゅうかくや》」といった、それぞれの情報《じょうほう》を処理《しょり》する場所《ばしょ》へと送《おく》られ、情報《じょうほう》が保存《ほぞん》されます。これが「記憶《きおく》」のしくみです。

学習《がくしゅう》するほど脳《のう》は記憶《きおく》しやすくなる

脳《のう》の神経細胞《しんけいさいぼう》どうしがつながる部分《ぶぶん》を「シナプス」といいます。同《おな》じことをくりかえし学習《がくしゅう》すると、同《おな》じシナプスに何度《なんど》も信号《しんごう》が送《おく》られることでシナプスが大《おお》きくなり、信号《しんごう》がより伝《つた》わりやすくなります。反対《はんたい》に、あまり信号《しんごう》が入《はい》らないシナプスはだんだん小《ちい》さくなっていきます。

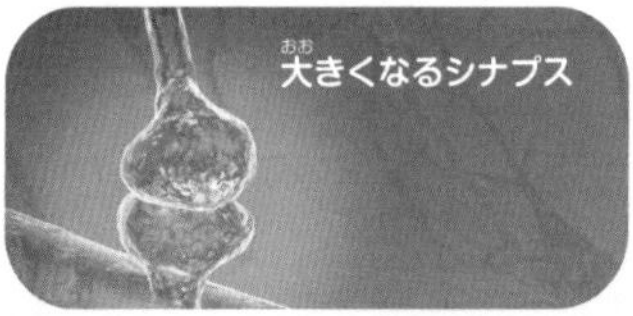
大《おお》きくなるシナプス

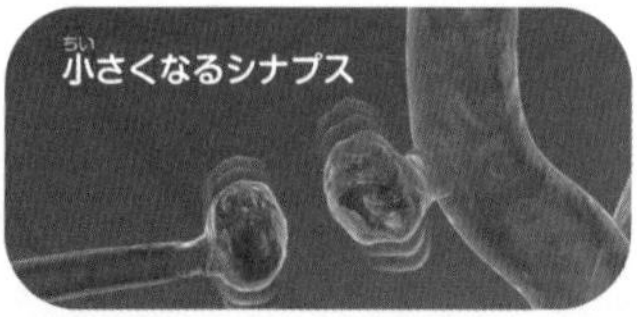
小《ちい》さくなるシナプス

記憶《きおく》の入出力《にゅうしゅつりょく》のしくみ

記憶《きおく》の司令塔《しれいとう》である「海馬《かいば》」を中心《ちゅうしん》として、記憶《きおく》のしくみをえがいた。視覚《しかく》や聴覚《ちょうかく》など、感覚《かんかく》にかかわるほとんどの信号《しんこう》は、嗅内皮質《きゅうないひしつ》を通《とお》って海馬《かいば》で整理《せいり》される。この情報《じょうほう》は脳《のう》をおおう大脳皮質《だいのうひしつ》へと送《おく》られ、保存《ほぞん》、つまり記憶《きおく》される。

あちこちに
保存《ほぞん》するところが
あるんだね

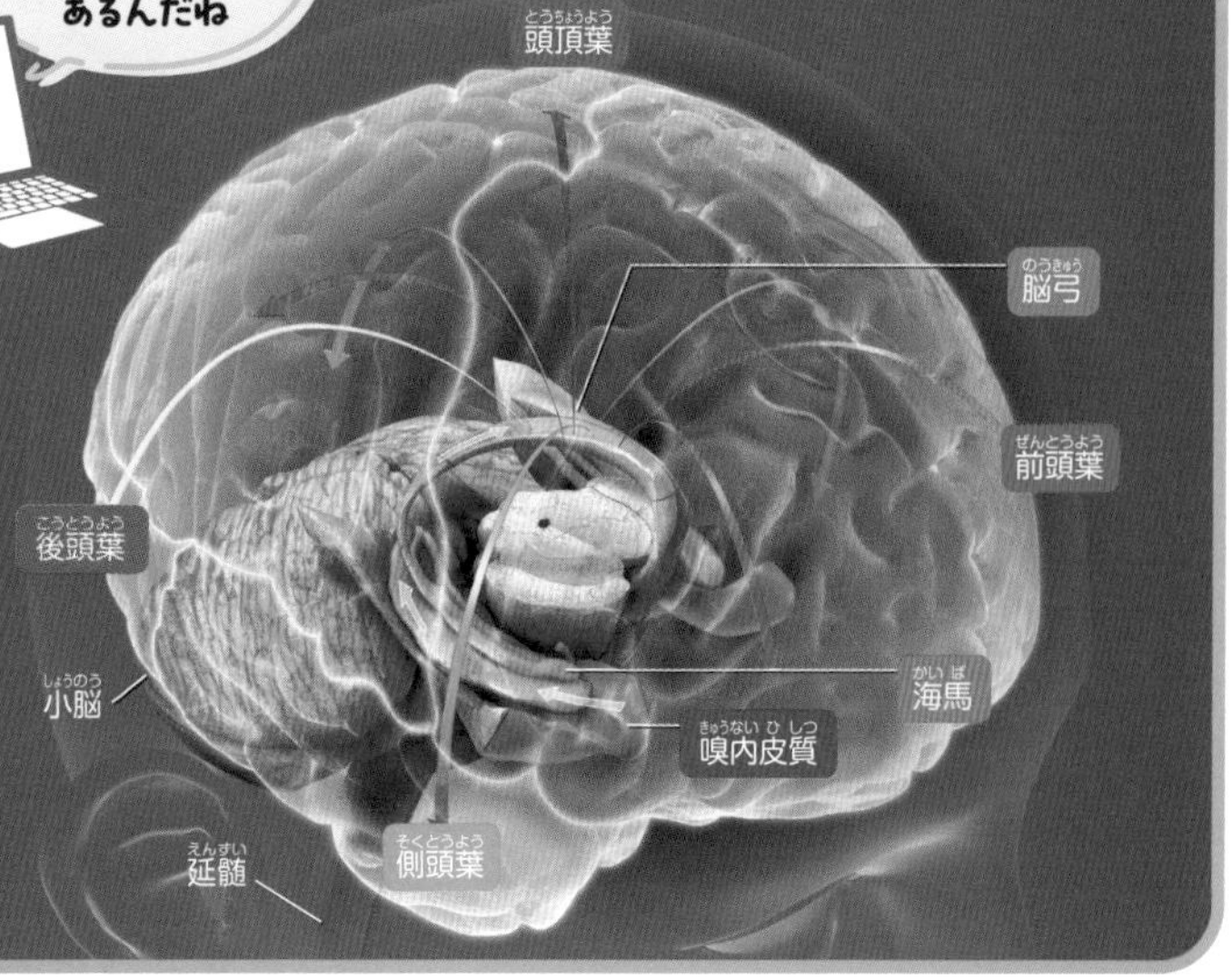
頭頂葉《とうちょうよう》
脳弓《のうきゅう》
前頭葉《ぜんとうよう》
後頭葉《こうとうよう》
小脳《しょうのう》
海馬《かいば》
嗅内皮質《きゅうないひしつ》
延髄《えんずい》
側頭葉《そくとうよう》

もっと知《し》りたい

海馬《かいば》は、タツノオトシゴ（別名《べつめい》「海馬《かいば》」）のような形《がた》をしていることが名前《なまえ》の由来《ゆらい》。

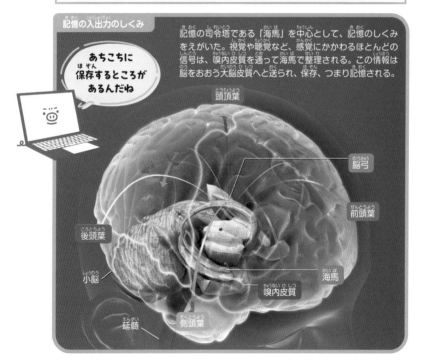

02 覚《おぼ》えたことは何度《なんど》も思《おも》い返《かえ》せば忘《わす》れにくい

せっかく暗記《あんき》したのに、いざテストがはじまると思《おも》い出《だ》せなかった、という経験《けいけん》はありませんか。一方《いっぽう》で、いつまでたってもしっかり思《おも》い出《だ》せる記憶《きおく》もありますね。

記憶《きおく》は、保《たも》たれる時間《じかん》の長《なが》さによって「感覚記憶《かんかくきおく》」「短期記憶《たんききおく》」「長期記憶《ちょうききおく》」の3つに分《わ》かれるといわれています。

目《め》や耳《みみ》などの感覚器官《かんかくきかん》で受《う》けた刺激《しげき》は、まず感覚記憶《かんかくきおく》として一瞬《いっしゅん》だけ記憶《きおく》されます。私《わたし》たちの脳《のう》は、その中《なか》から覚《おぼ》えておきたい情報《じょうほう》を海馬《かいば》（↓44ページ）に送《おく》り、「短期記憶《たんききおく》」として保存《ほぞん》します。短期記憶《たんききおく》で覚《おぼ》えられる量《りょう》はそれほどなく、保存《ほぞん》される時間《じかん》も、ほんの数十秒《すうじゅうびょう》くらいだそうです。短期記憶《たんききおく》は、頭《あたま》の中《なか》でくりかえし覚《おぼ》えようとすると、長期記憶《ちょうききおく》として保存《ほぞん》され、なかなか忘《わす》れなくなります。テストで失敗《しっぱい》しないためには、勉強《べんきょう》したことを「長期記憶《ちょうききおく》」になるまで復習《ふくしゅう》することが大切《たいせつ》なのです。

3つの記憶《きおく》の貯蔵庫《ちょぞうこ》

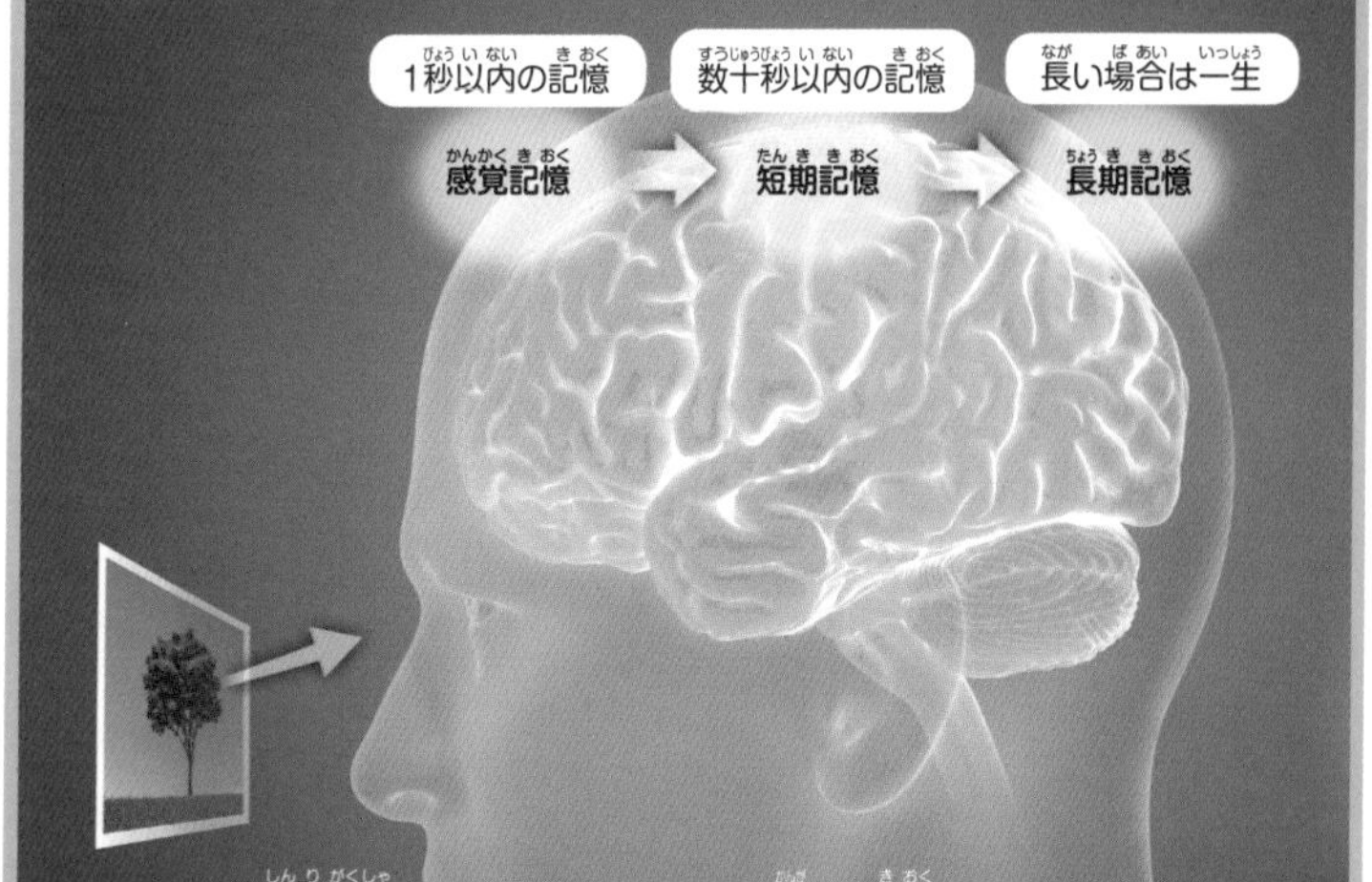
1秒以内《びょういない》の記憶《きおく》
数十秒以内《すうじゅうびょういない》の記憶《きおく》
長《なが》い場合《ばあい》は一生《いっしょう》
感覚記憶《かんかくきおく》
短期記憶《たんききおく》
長期記憶《ちょうききおく》

アメリカの心理学者《しんりがくしゃ》アトキンソンとシフリンが考《かんが》えた記憶《きおく》モデル。私《わたし》たちの脳《のう》は、1秒以内《びょういない》で消《き》えてしまう「感覚記憶《かんかくきおく》」から情報《じょうほう》を選《えら》び取《と》りながら、「短期記憶《たんききおく》」、そして「長期記憶《ちょうききおく》」にしていく。

1週間覚《しゅうかんおぼ》えていることがあったら、その後《ご》もしばらく忘《わす》れないかもな

覚《おぼ》えたことは6日で7割以上忘《わりいじょうわす》れる

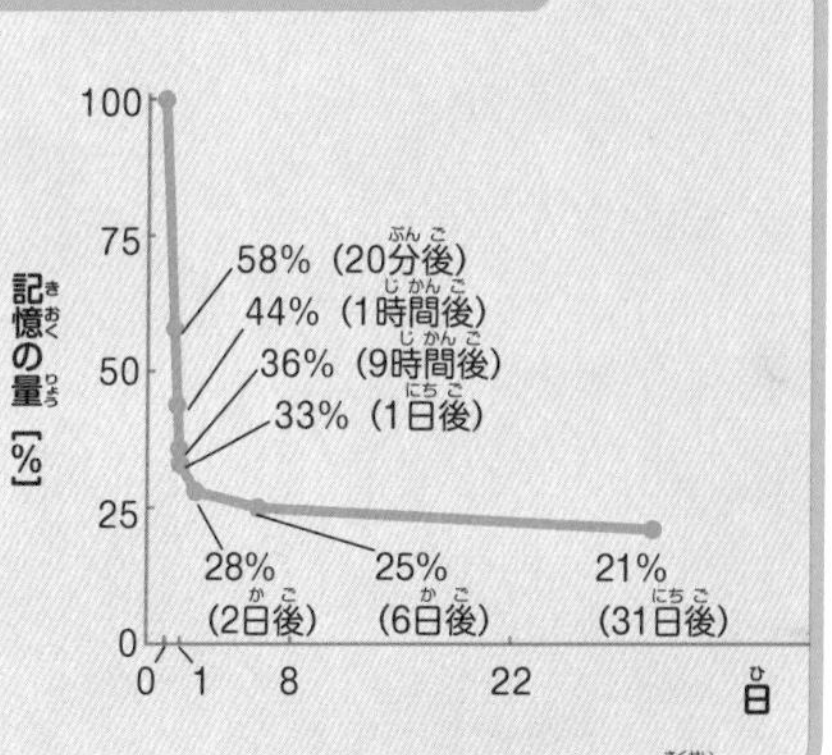
記憶《きおく》の量《りょう》 [%]
100
75
50
25
0
58% (20分後《ぶんご》)
44% (1時間後《じかんご》)
36% (9時間後《じかんご》)
33% (1日後《にちご》)
28% (2日後《かご》)
25% (6日後《かご》)
21% (31日後《にちご》)
0 1 8 22
日《ひ》

Ebbinghaus (1885) をもとに作成《さくせい》

19世紀《せいき》のイギリスの心理学者《しんりがくしゃ》エビングハウスの実験《じっけん》。覚《おぼ》えた項目《こうもく》がどのように忘《わす》れられていくかをグラフにした。覚《おぼ》えてから1時間後《じかんご》には約《やく》50%以下《いか》まで下《さ》がり、6日後《かご》には25%まで低下《ていか》し、その後《ご》はそれほど下《さ》がらなかった。

もっと知《し》りたい

短期記憶《たんききおく》で覚《おぼ》えられるのは7つ程度《ていど》のことがらだけとされている。

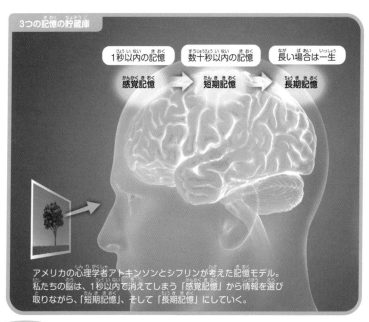

03

知識《ちしき》も思《おも》い出《で》も自転車《じてんしゃ》の乗《の》りかたも「記憶《きおく》」の一種《いっしゅ》

記憶《きおく》には、さまざまな種類《しゅるい》があります。たとえば、朝食《ちょうしょく》に何《なに》を食《た》べたかや、遠足《えんそく》などの思《おも》い出《で》は、いつ、どこで、といった経験《けいけん》やできごとの記憶《きおく》です。このような記憶《きおく》は「エピソード記憶《きおく》」とよばれます。

いわゆる「知識《ちしき》」も、記憶《きおく》の一種《いっしゅ》です。たとえば、「地球《ちきゅう》は丸《まる》い?」と問《と》われれば、たいていの人《ひと》は「はい」と答《こた》えます。でも、実際《じっさい》に宇宙《うちゅう》から地球《ちきゅう》の形《かたち》を見《み》た経験《けいけん》があるのは、ひとにぎりの宇宙飛行士《うちゅうひこうし》だけですよね。多《おお》くの人《ひと》は、地球《ちきゅう》が丸《まる》いという知識《ちしき》を本《ほん》や映《えい》像《ぞう》などで見《み》たり聞《き》いたりして記憶《きおく》したのです。このような記憶《きおく》は、「意味記《いみき》憶《おく》」といわれます。

体《からだ》の動《うご》かしかたを記憶《きおく》することもあります。たとえば、自転車《じてんしゃ》に乗《の》れるようになった人《ひと》は、脳《のう》が乗《の》りかたを覚《おぼ》えているので、数年《すうねん》ぶりに乗《の》っても乗《の》りこなせます。このような記憶《きおく》は「手続《てつづ》き記憶《きおく》」とよばれています。

記憶《きおく》の種類《しゅるい》

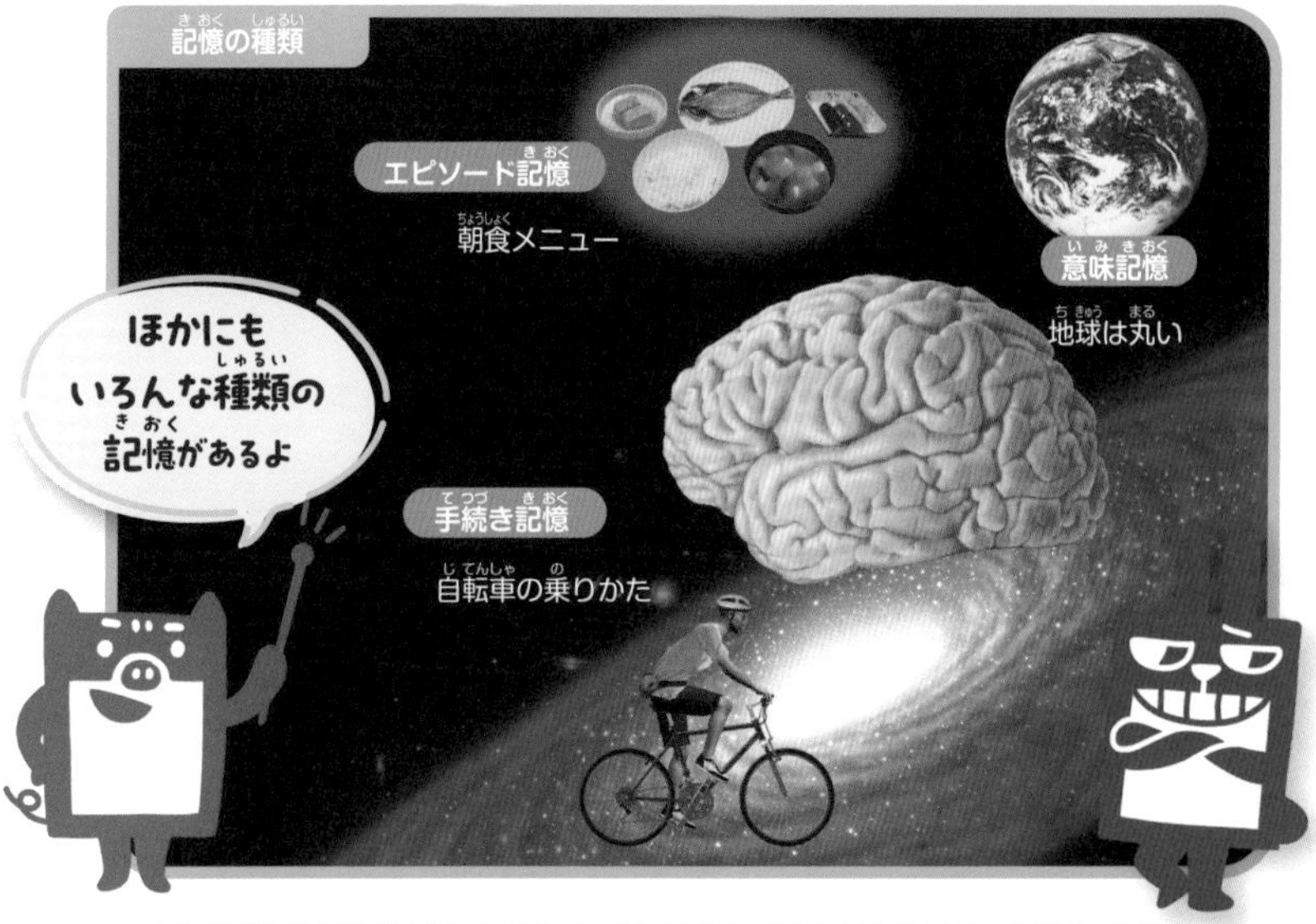
エピソード記憶《きおく》
朝食《ちょうしょく》メニュー
意味記憶《いみきおく》
地球《ちきゅう》は丸《まる》い
ほかにも いろんな種類《しゅるい》の 記憶《きおく》があるよ
手続《てつづ》き記憶《きおく》
自転車《じてんしゃ》の乗《の》りかた

意味《いみ》をつなげて記憶《きおく》する

「意味記憶《いみきおく》」では、似《に》たようなものごとをつなげて記憶《きおく》されると考《かんが》えられている。たとえば、図《ず》のように動物《どうぶつ》→鳥《とり》→インコと、大《おお》きな分類《ぶんるい》から小《ちい》さな分類《ぶんるい》に細《こま》かく分《わ》けられて記憶《きおく》される。

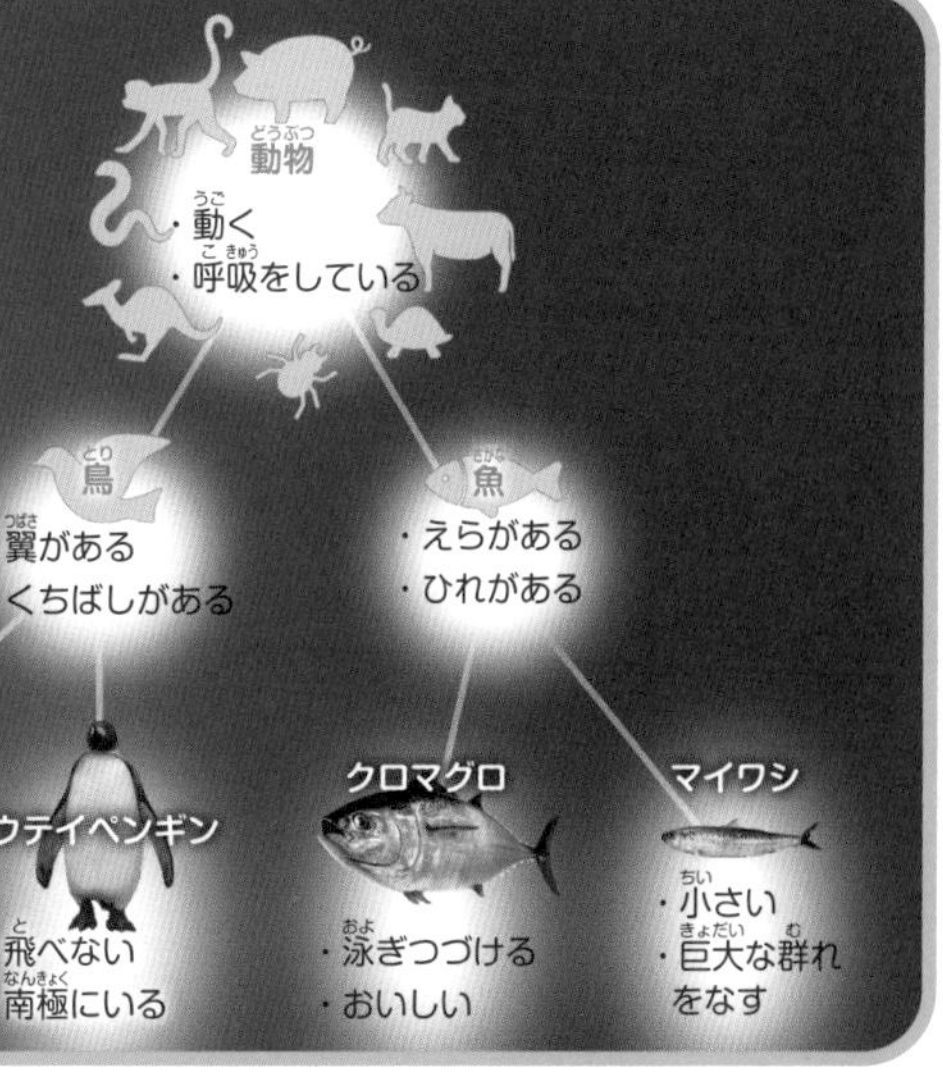
動物《どうぶつ》
・動《うご》く
・呼吸《こきゅう》をしている
鳥《とり》
・翼《つばさ》がある
・くちばしがある
魚《さかな》
・えらがある
・ひれがある
インコ
・さえずる
・ペットになる
コウテイペンギン
・飛《と》べない
・南極《なんきょく》にいる
クロマグロ
・泳《およ》ぎつづける
・おいしい
マイワシ
・小《ちい》さい
・巨大《きょだい》な群《む》れをなす

もっと知《し》りたい

言葉《ことば》で表現《ひょうげん》できるか否《いな》かで分《わ》ける「陳述記憶《ちんじゅつきおく》」と「非陳述記憶《ひちんじゅつきおく》」などの分類《ぶんるい》もある。

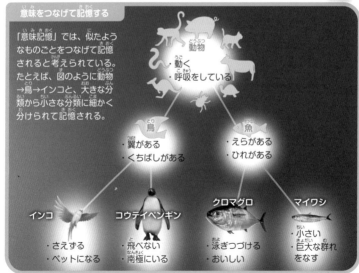

やすみじかん

直前《ちょくぜん》に接《せっ》したものによって行動《こうどう》がかわる？

夏《なつ》を連想《れんそう》する写真《しゃしん》を見《み》たあとに、スイカが食《た》べたくなった。ジャージを着《き》た人《ひと》を見《み》かけて、体育《たいいく》のテストのことを思《おも》い出《だ》した。そんな経験《けいけん》はありませんか？　私《わたし》たちが何《なに》かを考《かんが》えるとき、直前《ちょくぜん》に見《み》たり聞《き》いたりしたものの影響《えいきょう》を受《う》けます。これを「プライミング効果《こうか》」

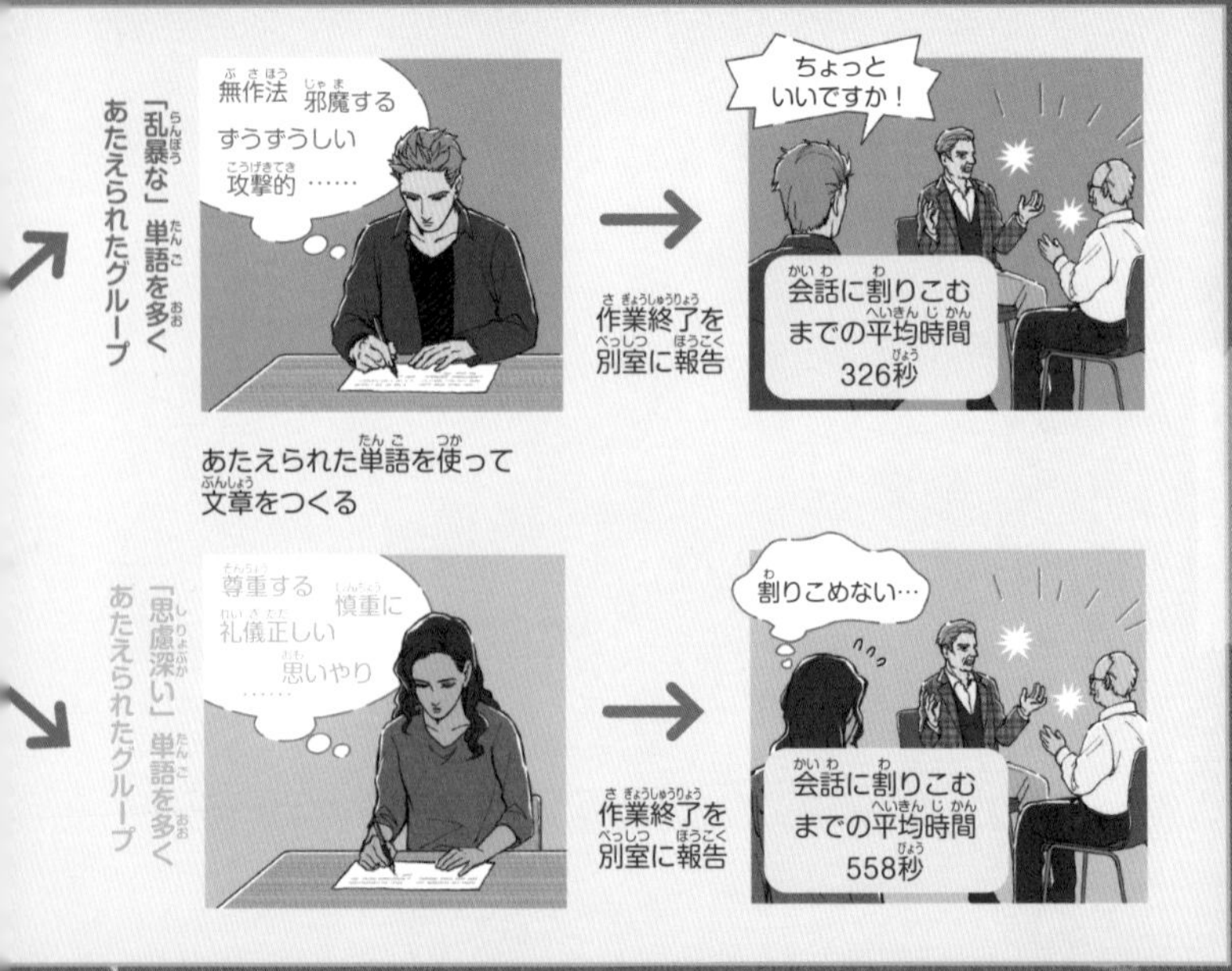

あたえられた単語《たんご》を使《つか》って文章《ぶんしょう》をつくる
「乱暴《らんぼう》な」単語《たんご》を多《おお》くあたえられたグループ
無作法《ぶさほう》　邪魔《じゃま》する
ずうずうしい
攻撃的《こうげきてき》……
作業終了《さぎょうしゅうりょう》を別室《べっしつ》に報告《ほうこく》
ちょっといいですか！
会話《かいわ》に割《わ》りこむまでの平均時間《へいきんじかん》326秒《びょう》
「思慮深《しりょぶか》い」単語《たんご》を多《おお》くあたえられたグループ
尊重《そんちょう》する　慎重《しんちょう》に
礼儀正《れいぎただ》しい
思《おも》いやり
……
作業終了《さぎょうしゅうりょう》を別室《べっしつ》に報告《ほうこく》
割《わ》りこめない…
会話《かいわ》に割《わ》りこむまでの平均時間《へいきんじかん》558秒《びょう》

といいます。プライミング効果《こうか》がおきる理由《りゆう》には、脳《のう》が情報《じょうほう》を整理《せいり》するときに、関係《かんけい》があるものごとはたがいに刺激《しげき》をあたえやすいことが影《えい》響《きょう》していると考《かんが》えられています。

プライミング効果《こうか》は、行動《こうどう》にも影響《えいきょう》があるとする研究《けんきゅう》があります。下《した》のイラストは、20世《せい》紀《き》のアメリカの心理学者《しんりがくしゃ》バージたちが行《おこな》った実《じっ》験《けん》です。乱暴《らんぼう》な内容《ないよう》の単語《たんご》を見《み》たあとは行動《こうどう》が乱暴《らんぼう》になり、思慮深《しりょぶか》い内容《ないよう》の単語《たんご》を見《み》たあとでは行動《こうどう》が慎重《しんちょう》になったそうです。

実験《じっけん》の参加者《さんかしゃ》たちは、あたえられた単語《たんご》を使《つか》って文章《ぶんしょう》をつくる課題《かだい》を行《おこな》い、そのあと担当者《たんとうしゃ》に報告《ほうこく》する。ただし、担当者《たんとうしゃ》たちは話《はなし》をしていて、わざと話《はな》しかけづらい雰囲気《ふんいき》になっている。「無作法《ぶさほう》」「邪魔《じゃま》する」などの乱暴《らんぼう》な印象《いんしょう》の単語《たんご》を多《おお》くあたえたグループは、「礼儀正《れいぎただ》しい」「尊重《そんちょう》する」などの思慮深《しりょぶか》い印象《いんしょう》の単語《たんご》を多《おお》くあたえたグループより、早《はや》く会話《かいわ》に割《わ》りこむ傾向《けいこう》があった。ただし、別《べつ》の実験《じっけん》ではこのような効果《こうか》はみられなかったという報告《ほうこく》もある。

04

見《み》て触《ふ》れて聞《き》いて私《わたし》たちは「水《みず》」を認識《にんしき》する

手《て》が水《みず》に触《ふ》れたとき、私《わたし》たちは「今《いま》、触《ふ》れているものは水《みず》だから、そのまま本《ほん》をもつと本《ほん》がぬれる。だから手《て》をふこう」など、過去《かこ》の経験《けいけん》を思《おも》いだしたり、未来《みらい》の結果《けっか》を推測《すいそく》したりできます。これを「認知《にんち》」といいます。認知《にんち》できるからこそ、私《わたし》たちは感覚《かんかく》から得《え》た情報《じょうほう》をもとに、適切《てきせつ》な行動《こうどう》がとれるというわけです。

水《みず》を認知《にんち》するとき、私《わたし》たちの脳《のう》

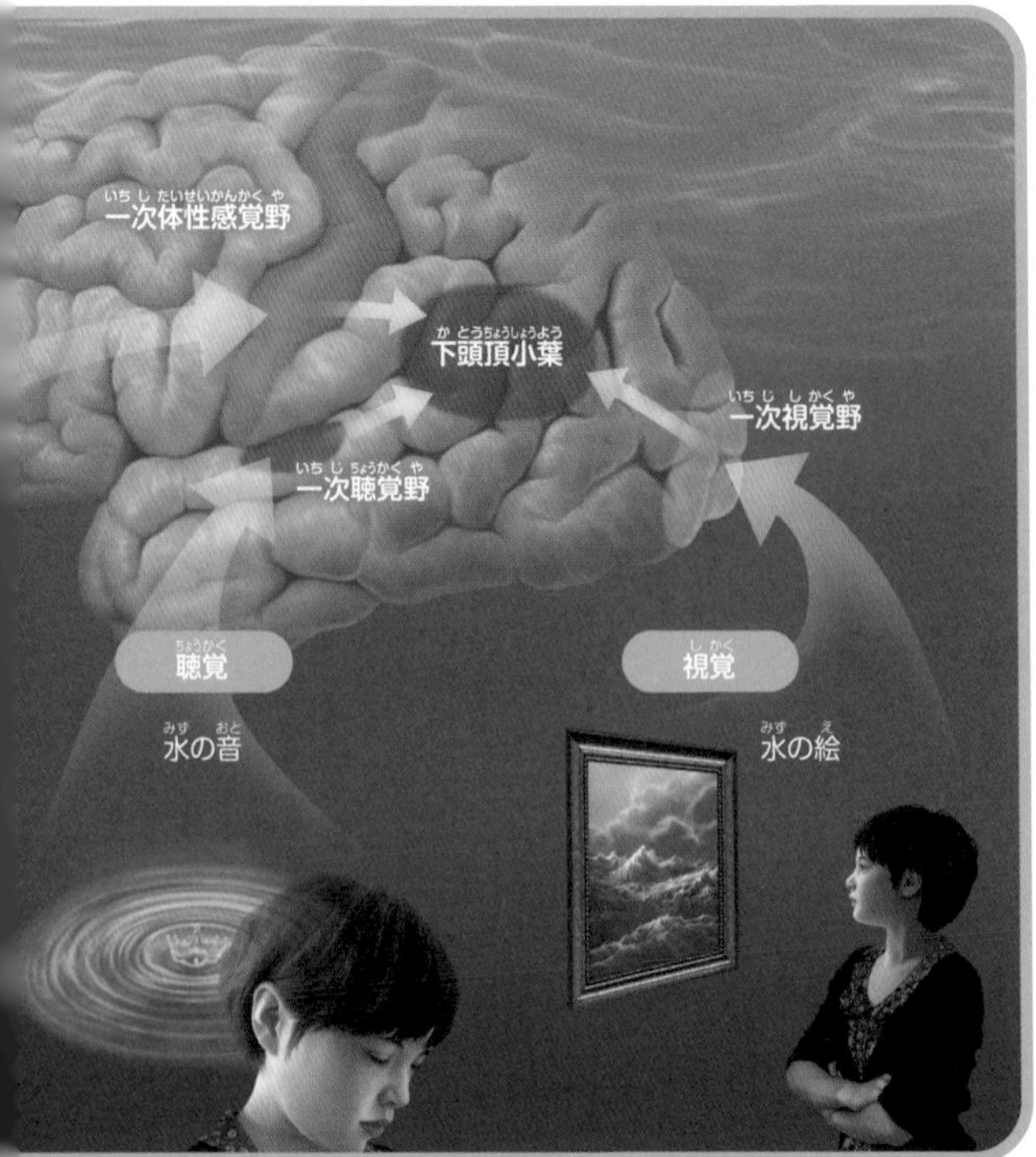

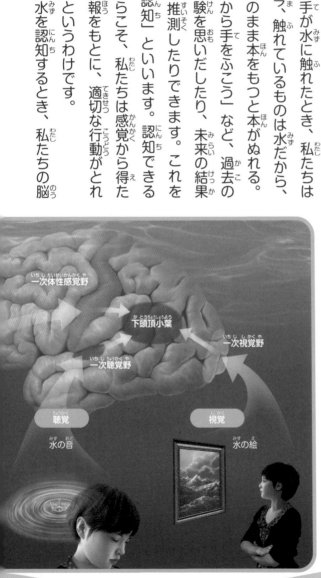

ではどんなことがおきているのでしょうか。たとえば水《みず》を見《み》たとき、その情報《じょうほう》は目《め》から脳《のう》の「一次《いちじ》視覚野《しかくや》」、さらに「下頭頂小葉《かとうちょうしょうよう》」へと伝《つた》えられ、今《いま》、見《み》ているものが「水《みず》」であると認識《にんしき》されます。

水《みず》がポタポタ落《お》ちる音《おと》を聞《き》いたら、その情報《じょうほう》は耳《みみ》から「一次聴覚《いちじちょうかく》野《や》」、下頭頂小葉《かとうちょうしょうよう》へと伝《つた》わり、「水《みず》」だと認識《にんしき》されます。手《て》が水《みず》に触《ふ》れた場合《ばあい》は、手《て》から伝《つた》わった情報《じょうほう》が「一次体性感覚野《いちじたいせいかんかくや》」から下《か》頭頂小葉《とうちょうしょうよう》へ行《い》き、ここで「水《みず》」だと認識《にんしき》されます。

水《みず》という概念《がいねん》が生《う》まれる過程《かてい》

「水《みず》」が「水《みず》」と
わかることはスゴイ
ことなんだね！
触覚《しょっかく》
水《みず》に触《ふ》れた感覚《かんかく》

イラストは、さまざまな感覚情報《かんかくじょうほう》を得《え》た脳《のう》が、「水《みず》」という概念《がいねん》にたどりつくまでの、おおまかな道筋《みちすじ》を示《しめ》したものだ。触覚《しょっかく》・聴覚《ちょうかく》・視覚《しかく》など、ことなる感覚《かんかく》から受《う》けた情報《じょうほう》であっても、人《ひと》の脳《のう》は「水《みず》」という同《おな》じ概念《がいねん》にたどりつくことができる。なお、図《ず》では、途中《とちゅう》の経路《けいろ》を省略《しょうりゃく》してえがいている。

もっと知《し》りたい

人《ひと》の脳《のう》の重《おも》さは、成人《せいじん》で約《やく》1200〜1500グラム。体重《たいじゅう》の約《やく》2〜2.5%を占《し》めている。

05 脳《のう》が情報《じょうほう》の整理《せいり》をミスすると錯視《さくし》をまねく

左《ひだり》ページの上《うえ》の図《ず》を見《み》てみましょう。同《おな》じ長《なが》さの線《せん》が、ちがう長《なが》さに見《み》えますね。このような、視覚《しかく》による錯覚《さっかく》のことを「錯視《さくし》」といいます。私《わたし》たちの脳《のう》は、長《なが》さをくらべている水平《すいへい》な線《せん》だけではなく、その周囲《しゅうい》にある斜《なな》めの線《せん》なども合《あ》わせてとらえてしまいます。そのため、錯視《さくし》がおきるのです。

その下《した》の、白《しろ》と黒《くろ》のまだら模様《もよう》の画《が》像《ぞう》にも注目《ちゅうもく》してください。これは何《なに》をえがいた画像《がぞう》でしょうか。ヒントは動《どう》物《ぶつ》です。

……答《こた》えはわかりましたか？ 私《わたし》たちの脳《のう》は、答《こた》えに気《き》がつく前《まえ》は、目《め》に入《はい》ってきた情報《じょうほう》を積《つ》み上《あ》げて、そこに何《なに》が写《うつ》っているかを判断《はんだん》しようとします。答《こた》えがわかったあとは、「答《こた》えの動物《どうぶつ》が写《うつ》っているはず」という情報《じょうほう》をもとに、画像《がぞう》からその動物《どうぶつ》の要素《ようそ》を探《さが》します。だから、一度《いちど》答《こた》えに気《き》がつけば、あとはいつ見《み》てもその動物《どうぶつ》がすぐに浮《う》かび上《あ》がってくるはずです。

ミュラー・リヤー錯視《さくし》

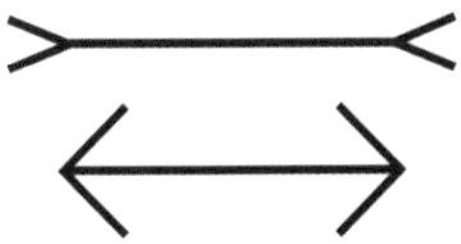

ポンゾ錯視《さくし》

実《じつ》は同《おな》じ長《なが》さ

上《うえ》の図《ず》は、水平《すいへい》な線《せん》の長《なが》さはどちらも同《おな》じなのに、下《した》の線《せん》のほうが短《みじか》く見《み》える。
下《した》の図《ず》は、奥行《おくゆ》きが感《かん》じられる図《ず》に、同《おな》じ長《なが》さの線《せん》を配置《はいち》することで、図《ず》で「手前《てまえ》」にある線《せん》よりも、「奥《おく》」にある線《せん》のほうが長《なが》く感《かん》じられる。

白《しろ》と黒《くろ》の世界《せかい》にかくれている生物《せいぶつ》

まだら模様《もよう》を1つずつ見《み》ても、形《かたち》は見《み》いだせない。しかし、いくつかのまだら模様《もよう》を組《く》み合《あ》わせることで、1匹《ぴき》の動物《どうぶつ》の形《かたち》が浮《う》かび上《あ》がる。

答《こた》えは57ページの「もっと知《し》りたい」を見《み》てみよう。

もっと知《し》りたい

脳《のう》は情報《じょうほう》を個々《ここ》ではなく全体《ぜんたい》としてとらえる。これを「ゲシュタルトの法則《ほうそく》」という。

06 あとから聞《き》いた情報《じょうほう》が記憶《きおく》をゆがめる

推理小説《すいりしょうせつ》や刑事《けいじ》ドラマなどには、事《じ》件《けん》の目撃者《もくげきしゃ》から証言《しょうげん》を聞《き》くシーンがありますね。でも、実際《じっさい》には「目撃証《もくげきしょう》言《げん》」はあまりアテにならないようです。

人《ひと》の記憶《きおく》は、あとから入《はい》ってきた情《じょう》報《ほう》によって変化《へんか》します。これを「事後《じご》情報効果《じょうほうこうか》」とよびます。

たとえば、事件《じけん》の目撃者《もくげきしゃ》に「逃《に》げた車《くるま》は赤色《あかいろ》でしたか？」と質問《しつもん》してしまうと、たとえ事実《じじつ》はちがっても、目撃《もくげき》者《しゃ》の記憶《きおく》の中《なか》の車《くるま》は赤色《あかいろ》になってしまうのです。そのため、実際《じっさい》の捜査《そうさ》では「逃《に》げた車《くるま》は何色《なにいろ》でしたか？」などと質《しつ》問《もん》のしかたをくふうしているそうです。

それでも、あとからニュースなどで「逃《に》げた車《くるま》は赤色《あかいろ》だったようです」などと見聞《みき》きすると、やはり記憶《きおく》が上書《うわが》きされる可能性《かのうせい》があります。事件発生《じけんはっせい》から時間《じかん》が経《た》つと捜査《そうさ》がむずかしくなるのは、記憶《きおく》が薄《うす》れるだけでなく、このような事後情報効果《じごじょうほうこうか》の影響《えいきょう》が出《で》てくるからだといわれています。

質問《しつもん》のしかたで記憶《きおく》がかわる

アメリカの心理学者《しんりがくしゃ》ロフタスによる実験《じっけん》。参加者《さんかしゃ》に交通事故《こうつうじこ》の映像《えいぞう》を見《み》せ、内容《ないよう》について質問《しつもん》した。あるグループには「どれくらいの速度《そくど》でぶつかったか」と質問《しつもん》し、あるグループには「どれくらいの速度《そくど》で激突《げきとつ》したか」と質問《しつもん》した。後日《ごじつ》、両方《りょうほう》のグループに「ガラスは割《わ》れていたか」と質問《しつもん》した（実際《じっさい》にはガラスは割《わ》れていなかった）。後者《こうしゃ》のグループは、前者《ぜんしゃ》のグループより「割《わ》れていた」と答《こた》えた人《ひと》が多《おお》かった。

実験参加者《じっけんさんかしゃ》に見《み》せた交通事故《こうつうじこ》の映像《えいぞう》
（フロントガラスは割《わ》れていない）

事故《じこ》の映像《えいぞう》を見《み》た1週間後《しゅうかんご》に、車《くるま》のフロントガラスが割《わ》れていたかを質問《しつもん》した。

「車《くるま》はぶつかった」と聞《き》いた人《ひと》

思《おも》い出《だ》した交通事故《こうつうじこ》の映像《えいぞう》
（フロントガラスは割《わ》れていない）

「車《くるま》は激突《げきとつ》した」と聞《き》いた人《ひと》

思《おも》い出《だ》した交通事故《こうつうじこ》の映像《えいぞう》
（フロントガラスが割《わ》れている）

「激突《げきとつ》」っていう強《つよ》めの言葉《ことば》に記憶《きおく》が引《ひ》っ張《ぱ》られちゃったんだね

もっと知《し》りたい

55ページの答《こた》えはネコ（うしろ姿《すがた》）。三角形《さんかっけい》の左耳《ひだりみみ》を見《み》つけられたらあとは簡単《かんたん》。

やすみじかん

さっき見《み》た単語《たんご》の中《なか》に

「希望《きぼう》」はあった？

左《ひだり》ページにある15個《こ》の単語《たんご》を、30秒《びょう》ほどで覚《おぼ》えてみましょう。次《つぎ》に、その単語《たんご》を1分《ぷん》ほどで覚《おぼ》えているだけ書《か》き出《だ》してください。

さて、ここで質問《しつもん》です。15個《こ》の単語《たんご》の中《なか》に「希望《きぼう》」はあったでしょうか？

この実験《じっけん》をすると、75%以上《いじょう》の人《ひと》が「あった」と答《こた》えます。さあ、左《ひだり》ページを確認《かくにん》してみましょう。「希望《きぼう》」はありませんね。

15個《こ》の単語《たんご》をよく見《み》ると、どれも「希望《きぼう》」を連想《れんそう》しやすい言葉《ことば》です。だから、覚《おぼ》えるときに、無意識《むいしき》に「希望《きぼう》」を思《おも》い浮《う》かべていた人《ひと》が多《おお》いのではないでしょうか。46ページで紹介《しょうかい》したように、短期記憶《たんききおく》で覚《おぼ》えられる容量《ようりょう》は小《ちい》さいので、単語《たんご》を覚《おぼ》えるときにずっと頭《あたま》のすみにあった「希望《きぼう》」を、実際《じっさい》に「見《み》た」

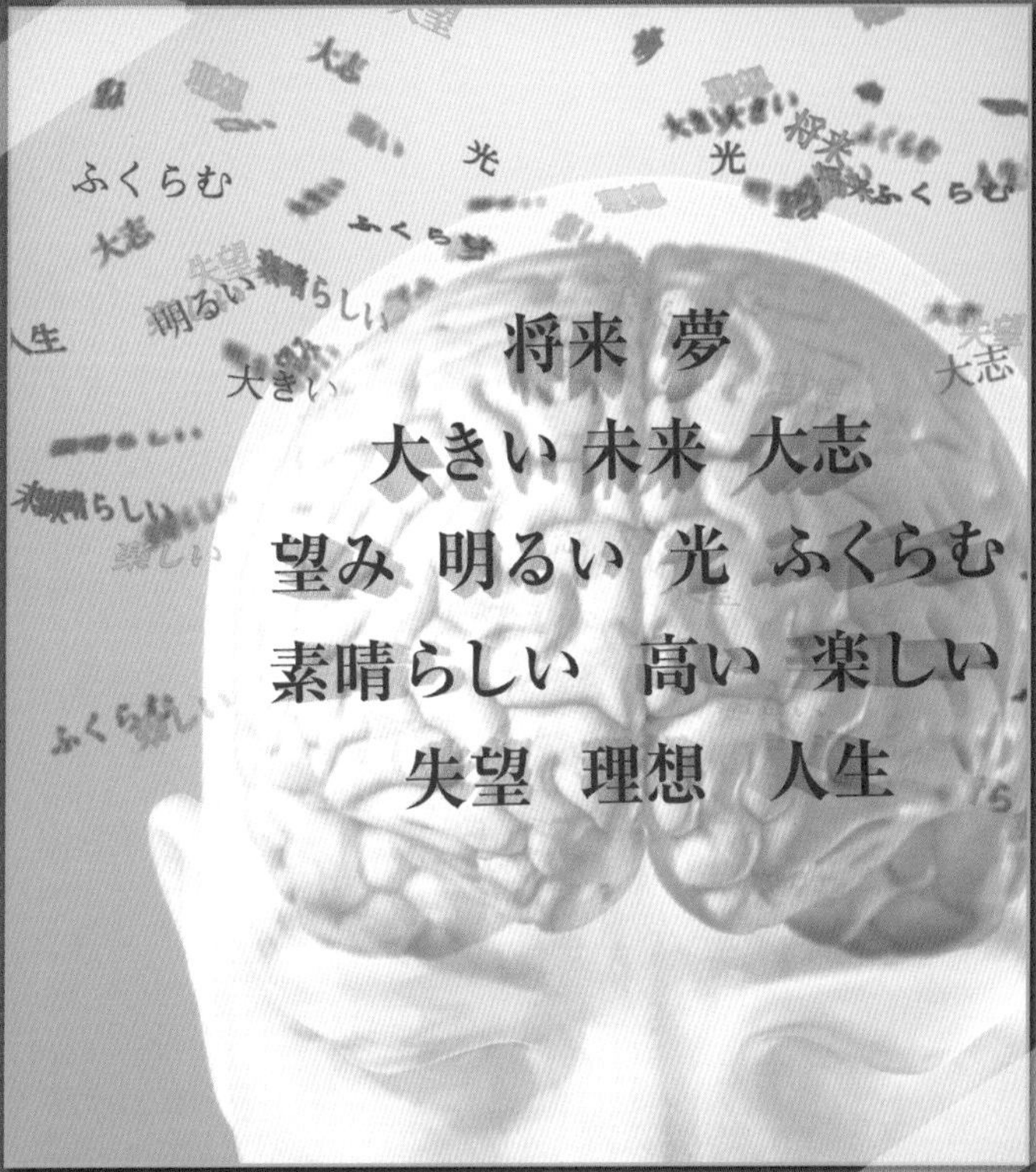

将来 夢
大きい 未来 大志
望み 明るい 光 ふくらむ
素晴らしい 高い 楽しい
失望 理想 人生

イラストの単語《たんご》リストは早稲田大学《わせだだいがく》の川崎弥生博士《かわさきやよいはかせ》の作成《さくせい》したもの(発《はっ》表《ぴょう》時《じ》の姓《せい》は宮地《みやじ》)。なお、このページの方法《ほうほう》は簡易的《かんいてき》なもので、実際《じっさい》には単語《たんご》は 1 語《ご》ずつ、決《き》まった時間《じかん》だけ提示《ていじ》されるなど厳密《げんみつ》に行《おこな》われる。

とまちがって記憶《きおく》したと考《かんが》えられます。記憶《きおく》というものは、あいまいで誤《あやま》りやすいものなのです。

07 「絶対《ぜったい》こうだった！」はまちがっていることがある

世界的《せかいてき》な大事件《だいじけん》や災害《さいがい》など、大《おお》きなショックを受《う》けるようなニュースやできごとがあると、いやがおうにも記憶《きおく》に残《のこ》ってしまうことがあります。このような場合《ばあい》は、長《なが》い時間《じかん》が経《た》っても、そのときどこで、誰《だれ》と、何《なに》をしていたかなどをしっかり思《おも》い出《だ》せることがわかっています。これは、カメラのフラッシュになぞらえて「フラッシュバルブ・メモリー（閃光記憶《せんこうきおく》）」とよばれます。

でも、いくらしっかり思《おも》い出《だ》せるからといって、正確《せいかく》な記憶《きおく》とはかぎりません。大事件《だいじけん》の直後《ちょくご》に何《なに》をしていたかを質問《しつもん》し、1年後《ねんご》にふたたび同《おな》じ質問《しつもん》をすると、ちがう答《こた》えになったという実験結果《じっけんけっか》もあります。

脳《のう》には、保存《ほぞん》された記憶《きおく》を探《さが》して思《おも》い出《だ》す「前頭前野《ぜんとうぜんや》」という場所《ばしょ》があります。しっかり覚《おぼ》えていたはずの記憶《きおく》がゆがんでしまうのは、前頭前野《ぜんとうぜんや》で何《なん》度《ど》も思《おも》い出《だ》されるうちに、情報《じょうほう》が組《く》み直《なお》されてしまうためとされています。

あれれ〜?

事実《じじつ》とはことなる記憶《きおく》がつくられる!?

下《した》の例《れい》は、2001年《ねん》のアメリカ同時多発《どうじたはつ》テロの際《さい》、実際《じっさい》には「白《しろ》いネクタイ」で「会議中《かいぎちゅう》」だったにもかかわらず、「茶色《ちゃいろ》のネクタイ」で「書類作成《しょるいさくせい》」をしていたなどと、まちがった記憶《きおく》を思《おも》い出《だ》すイメージだ。脳《のう》の前頭前野《ぜんとうぜんや》は、ばらついた記憶《きおく》のピースをパズルのように組《く》み立《た》てる。その記憶《きおく》は鮮明《せんめい》に感《かん》じられ、普通《ふつう》は誤《あやま》りであると気《き》づけない。

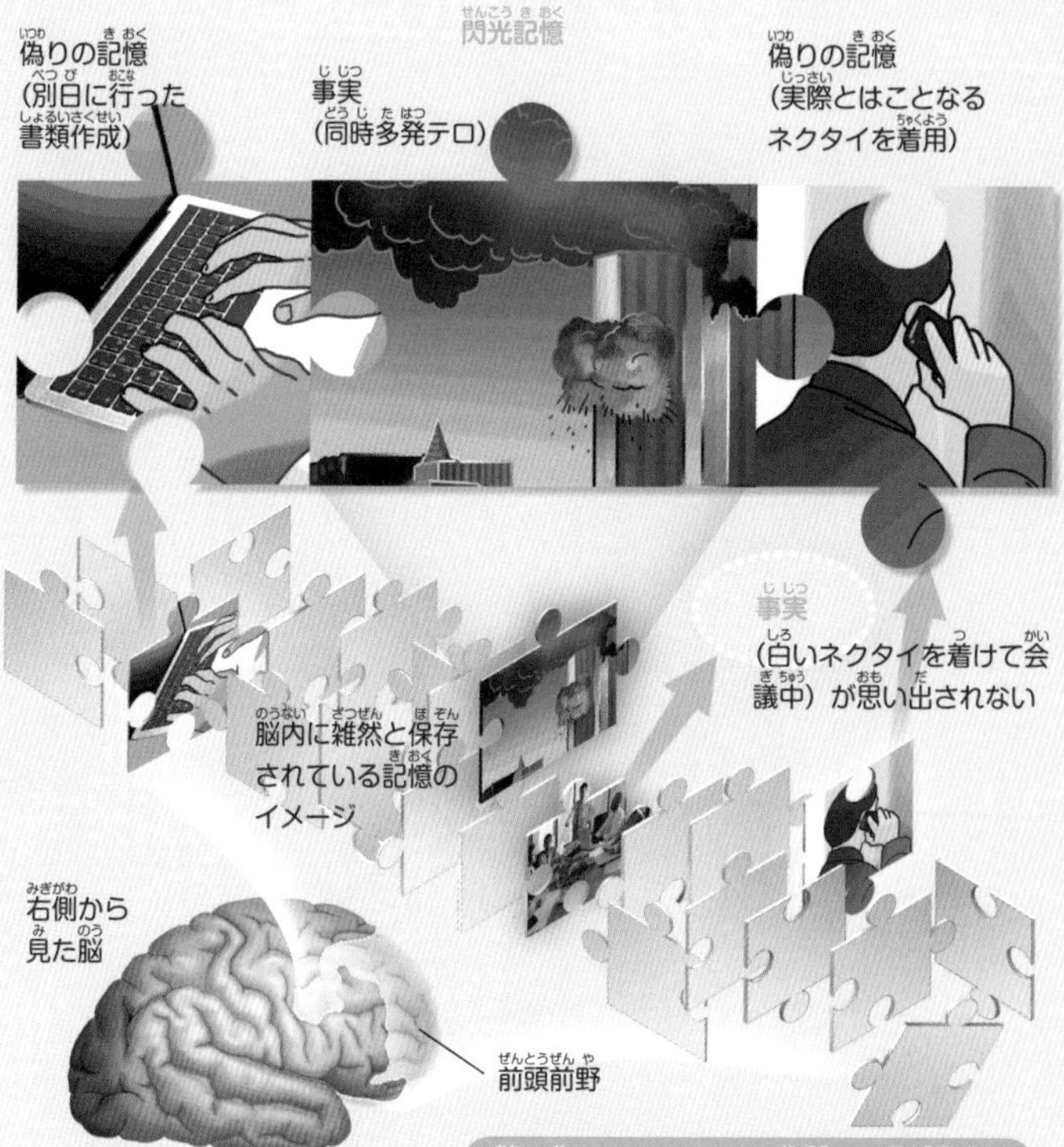

閃光記憶《せんこうきおく》
偽《いつわ》りの記憶《きおく》
(別日《べつび》に行《おこな》った書類作成《しょるいさくせい》)
事実《じじつ》
(同時多発《どうじたはつ》テロ)
偽《いつわ》りの記憶《きおく》
(実際《じっさい》とはことなるネクタイを着用《ちゃくよう》)
事実《じじつ》
(白《しろ》いネクタイを着《つ》けて会《かい》議中《ぎちゅう》)が思《おも》い出《だ》されない
脳内《のうない》に雑然《ざつぜん》と保存《ほぞん》されている記憶《きおく》のイメージ
右側《みぎがわ》から見《み》た脳《のう》
前頭前野《ぜんとうぜんや》

思《おも》い出《だ》すはたらきをする大脳《だいのう》の「前頭前野《ぜんとうぜんや》」

「いつ」「どこで」といった情報《じょうほう》は、脳内《のうない》に雑然《ざつぜん》と保存《ほぞん》されていると考《かんが》えられている。それらを探《さぐ》って思《おも》い出《だ》す役割《やくわり》は、大脳《だいのう》のおでこ側《がわ》にある「前頭前野《ぜんとうぜんや》」が担《にな》っているのだ。

もっと知《し》りたい

前頭前野《ぜんとうぜんや》は、ほかにも感情《かんじょう》や行動《こうどう》のコントロールなどさまざまな役割《やくわり》を担《にな》う。

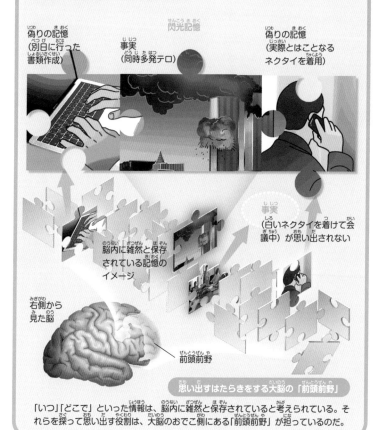

08

言葉《ことば》にすることでかえって覚《おぼ》えにくくなる

はじめて会《あ》った人《ひと》の顔《かお》を覚《おぼ》えるのはたいへんですね。中《なか》には、「覚《おぼ》えるためにメモしている」という人《ひと》もいるかもしれません。「大《おお》きな目《め》」「通《とお》った鼻《はな》」などと言葉《ことば》にすれば、より覚《おぼ》えやすそうな気《き》もしますね。

ところが、20世紀《せいき》にアメリカで報告《ほうこく》された実験《じっけん》では、逆《ぎゃく》の結果《けっか》が出《で》ました。参加者《さんかしゃ》に強盗《ごうとう》が出《で》てくる動画《どうが》を見《み》せ、数枚《すうまい》の写真《しゃしん》から強《ごう》

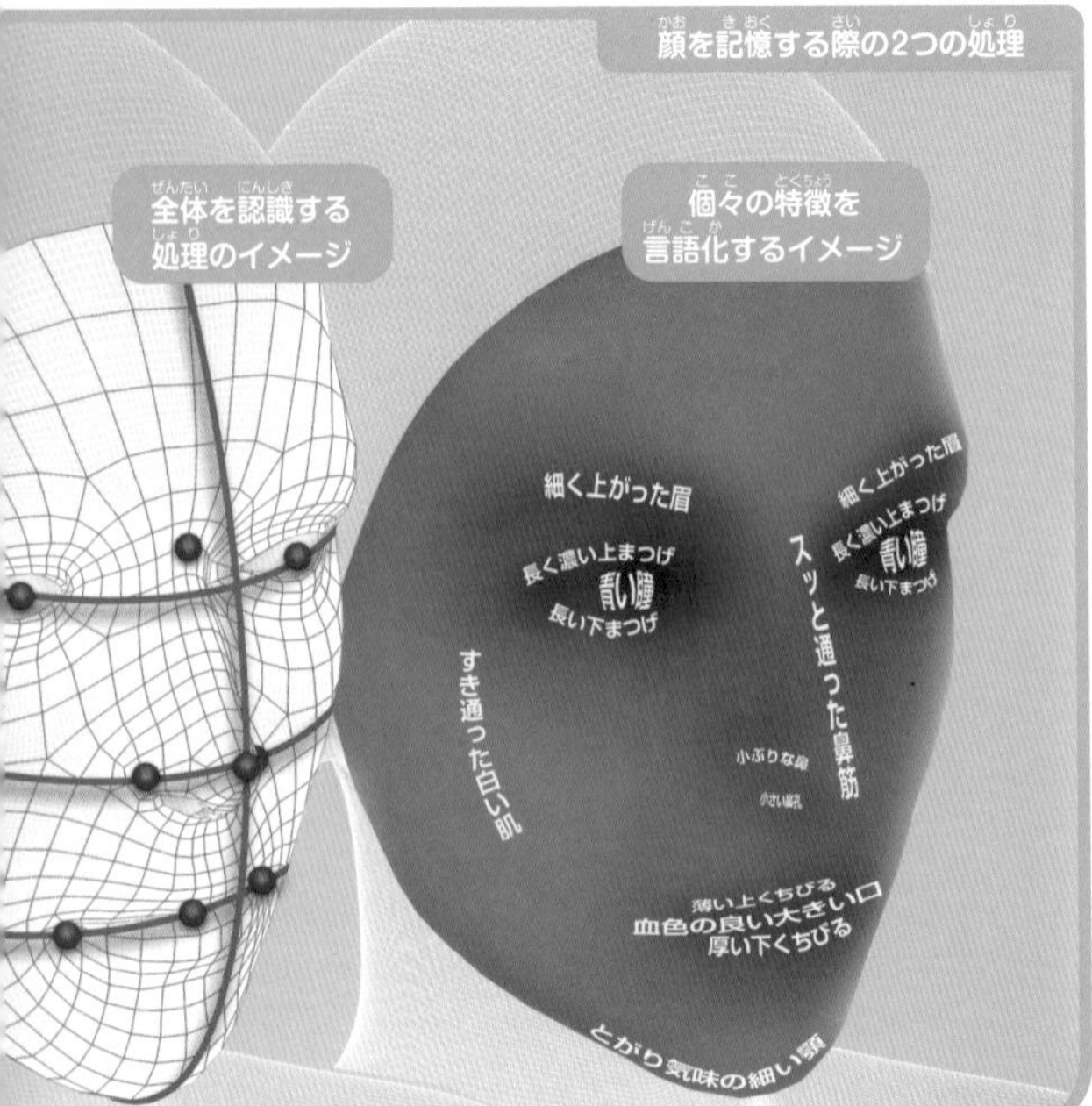
顔《かお》を記憶《きおく》する際《さい》の2つの処理《しょり》
全体《ぜんたい》を認識《にんしき》する処理《しょり》のイメージ
個々《ここ》の特徴《とくちょう》を言語化《げんごか》するイメージ
細く上がった眉
長く濃い上まつげ
長い下まつげ
スッと通った鼻筋
すき通った白い肌
小ぶりな鼻
薄い上くちびる
血色の良い大きい口
厚い下くちびる
とがり気味の細い顎

盗《とう》が写《うつ》っているものを選《えら》んでもらうと、64%の人《ひと》が正解《せいかい》しました。その一方《いっぽう》で、動画《どうが》を見《み》たあとに、強盗《ごうとう》の顔《かお》の特徴《とくちょう》をいくつか言葉《ことば》であげてから写真《しゃしん》を選《えら》んでもらった場合《ばあい》は、38%しか正解《せいかい》しませんでした。

言葉《ことば》にすると、目《め》や鼻《はな》などの1つ1つの特徴《とくちょう》が注目《ちゅうもく》されます。でも、実際《じっさい》に顔《かお》を思《おも》い出《だ》すときは、顔全体《かおぜんたい》で判断《はんだん》しなくてはなりません。このため記憶《きおく》ちがいがおきるのです。これを「言語隠蔽効果《げんごいんぺいこうか》」といいます。

「かっこいい顔《かお》」
それがオレ！

メッシュ状《じょう》にえがいたのは、顔《かお》を全体的《ぜんたいてき》に認識《にんしき》する処理《しょり》のイメージ。右のように個々《ここ》のパーツの特徴《とくちょう》を思《おも》い出《だ》して言葉《ことば》にすると、覚《おぼ》えた顔《かお》をあとで選《えら》ぶ際《さい》に正解率《せいかいりつ》が下《さ》がることがいくつかの実験《じっけん》で確《たし》かめられている。

もっと知《し》りたい

言語隠蔽効果《げんごいんぺいこうか》は、視覚《しかく》だけでなく、においや味《あじ》などでもおこる。

09 「心《こころ》」があるからこそ記憶《きおく》は7つのミスをする

左《ひだり》ページで紹介《しょうかい》しているのは、アメリカの心理学者《しんりがくしゃ》シャクターがあげた7つの記憶《きおく》のエラーです。記憶《きおく》には、「暗示《あんじ》」や「書《か》きかえ」のようなまちがった記憶以外《きおくいがい》にも、さまざまな原因《げんいん》で不具合《ふぐあい》がおきています。

私《わたし》たちの脳《のう》は、ものごとを完《かん》ぺきに記憶《きおく》できないようになっています。それは不便《ふべん》なことではありますが、良《よ》いことでもあります。「完《かん》ぺきではないからこそ、頭《あたま》がいっぱいにならない」からです。目《め》などの感覚器官《かんかくきかん》は、脳《のう》へあまりにも多《おお》くの情報《じょうほう》を送《おく》っています。もし、そのすべてを記憶《きおく》していたら、脳《のう》はすぐに容量《ようりょう》オーバーになってしまうでしょう。

それに、記憶《きおく》がまちがっているかどうかは、判断基準《はんだんきじゅん》によるともいえます。事実《じじつ》とことなるかどうかでみれば「まちがった記憶《きおく》」といえますし、本人《ほんにん》がまちがいだと気《き》づけないなら、その人《ひと》にとっては「正《ただ》しい記憶《きおく》」なのです。

物忘《ものわす》れ

古《ふる》い記憶《きおく》が曖昧《あいまい》になったり、忘《わす》れたりするなど、病的《びょうてき》な記憶《きおく》のエラー。

不注意《ふちゅうい》

たとえば行事《ぎょうじ》の予定《よてい》を忘《わす》れてしまったなど、いわゆる「うっかり」やってしまうエラー。

暗示《あんじ》

出生時《しゅっせいじ》の記憶《きおく》を覚《おぼ》えている気《き》になるなど、思《おも》いこみや暗示《あんじ》によって記憶《きおく》が変化《へんか》したエラー。

妨害《ぼうがい》

名前《なまえ》のど忘《わす》れなど、知《し》っているはずなのに、ほかの記憶《きおく》が邪魔《じゃま》して思《おも》い出《だ》せないエラー。

書《か》きかえ

先入観《せんにゅうかん》などによって、記憶《きおく》が書《か》きかえられてしまうエラー。

混乱《こんらん》

記憶《きおく》の出元《でもと》や、経験《けいけん》と想像《そうぞう》の区別《くべつ》が混乱《こんらん》したエラー。デジャヴなども含《ふく》まれる。

つきまとい

忘《わす》れたいのに忘《わす》れられず、思《おも》い出《だ》してしまう、いわゆるトラウマ。

記憶《きおく》の7つのエラー

心理学者《しんりがくしゃ》ダニエル・シャクターによる、記憶《きおく》のエラー7種類《しゅるい》を示《しめ》した。「記憶《きおく》は常《つね》に正確《せいかく》なものである」という考《かんが》えは、誤《あやま》ったものだ。記憶《きおく》にエラーはつきもので、誤《あやま》りやすいという特徴《とくちょう》を知《し》ったうえで、うまくつきあっていくほうがよい。

もっと知《し》りたい

一般的《いっぱんてき》に、強《つよ》い感情《かんじょう》とともに覚《おぼ》えた記憶《きおく》は、まちがいをおこしやすい。

やすみじかん

怖《こわ》い思《おも》いをすると 何《なに》も覚《おぼ》えられなくなる

　おそろしい事件《じけん》に出《で》くわすと、そのときのことを、あとからよく思《おも》い出《だ》せなくなることがあります。たとえば強盗事件《ごうとうじけん》にあった人《ひと》は、犯人《はんにん》が手《て》にしていた凶器《きょうき》に注意《ちゅうい》がいくあまり、犯人《はんにん》の顔《かお》などが記憶《きおく》に残《のこ》りにくくなるのです。この現象《げんしょう》を、「凶器注目効果《きょうきちゅうもくこうか》」といいます。

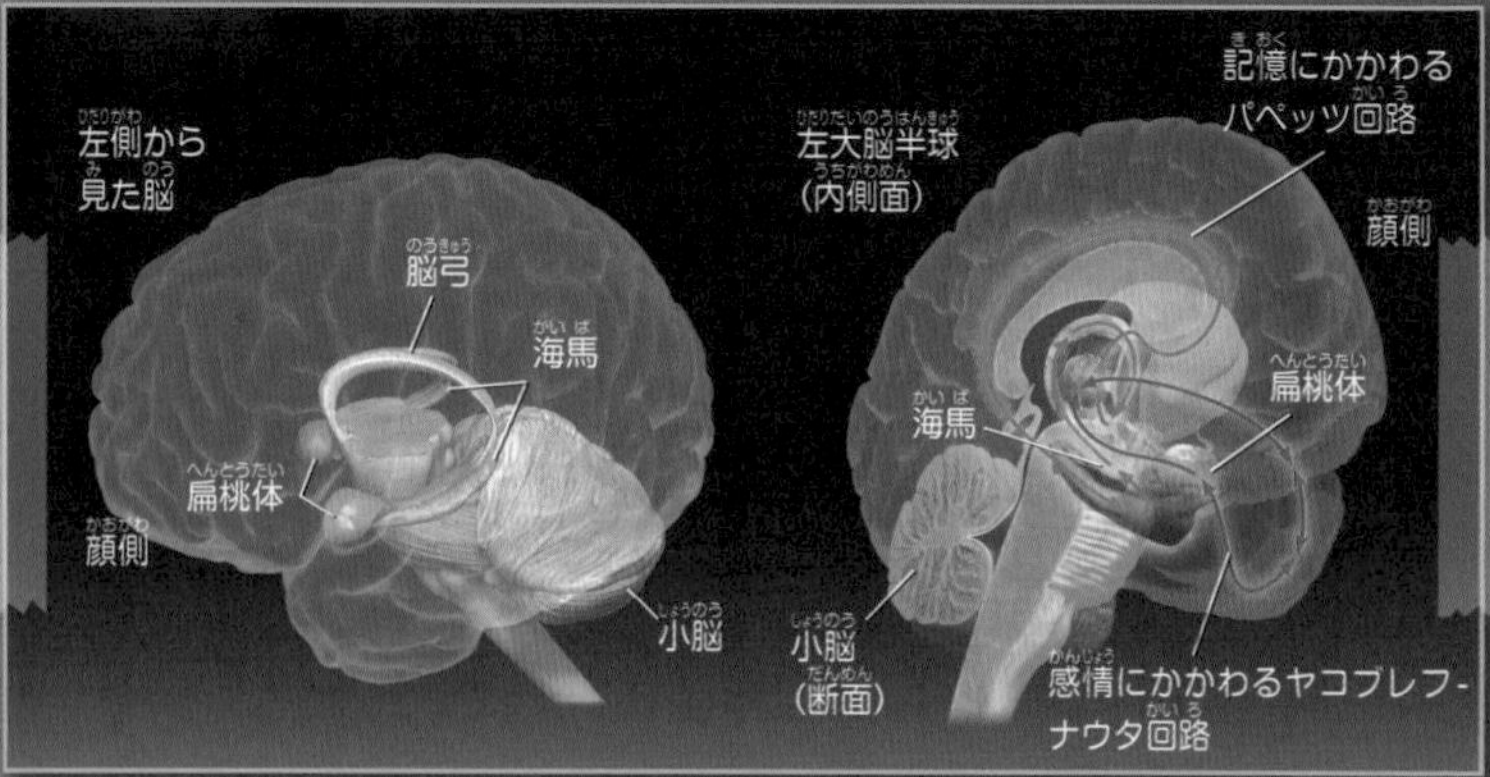

左側《ひだりがわ》から
見《み》た脳《のう》
脳弓《のうきゅう》
海馬《かいば》
扁桃体《へんとうたい》
顔側《かおがわ》
小脳《しょうのう》
左大脳半球《ひだりだいのうはんきゅう》
（内側面《うちがわめん》）
記憶《きおく》にかかわる
パペッツ回路《かいろ》
顔側《かおがわ》
扁桃体《へんとうたい》
海馬《かいば》
小脳《しょうのう》
（断面《だんめん》）
感情《かんじょう》にかかわるヤコブレフ-
ナウタ回路《かいろ》

記憶《きおく》を担《にな》うのは海馬《かいば》だけではない
イラストは海馬《かいば》（青色《あおいろ》）と扁桃体《へんとうたい》（橙色《だいだいいろ》）の位置《いち》を示《しめ》したものだ。記憶《きおく》は、五感《ごかん》の情報《じょうほう》が入力《にゅうりょく》されてくる脳内《のうない》の「海馬《かいば》」が司《つかさど》っている。一方《いっぽう》で、おどろきや恐怖《きょうふ》などの感情《かんじょう》が密接《みっせつ》にかかわる記憶《きおく》には、「海馬《かいば》」だけでなく、「扁桃体《へんとうたい》」などを含《ふく》む脳神経回路《のうしんけいかいろ》がはたらいていると考《かんが》えられている。

凶器注目効果《きょうきちゅうもくこうか》がおこる理由《りゆう》としては、2つの説《せつ》があります。1つ目《め》は、おどろきや恐怖《きょうふ》といった感情《かんじょう》が、視覚的《しかくてき》な注意《ちゅうい》の範囲《はんい》をせばめるというもの。もう1つは、通常《つうじょう》はありえない状況《じょうきょう》であるため、凶器《きょうき》に目《め》がいってしまうというものです。たとえば、包丁《ほうちょう》が台所《だいどころ》にあっても何《なに》もおかしくはありませんが、もし寝室《しんしつ》にあったら普通《ふつう》ではありませんね。

何《なに》かを覚《おぼ》えようとするとき、緊張感《きんちょうかん》が強《つよ》すぎても弱《よわ》すぎても、記憶力《きおくりょく》は下《さ》がることがわかっています。凶器注目効果《きょうきちゅうもくこうか》は、緊張感《きんちょうかん》が強《つよ》すぎるためにおこるのです。

1987年《ねん》にある実験《じっけん》が行《おこな》われた。参加者《さんかしゃ》に強盗事件《ごうとうじけん》のようすをスライドで見《み》せ、のちに選択肢《せんたくし》の中《なか》から犯人《はんにん》の顔《かお》を選《えら》んでもらった。犯人《はんにん》が小切手《こぎって》をもっていた場合《ばあい》は約《やく》35％の人《ひと》が正解《せいかい》したが、拳《けん》銃《じゅう》をもっていた場合《ばあい》は約《やく》15 ％だった。拳銃《けんじゅう》に目《め》がいってしまい、人物《じんぶつ》の顔《かお》に注意《ちゅうい》が向《む》きにくくなったのだ。

10 「車輪《しゃりん》が3つある乗《の》り物《もの》は？」に答《こた》えられる理由《りゆう》

車輪《しゃりん》が3つある乗《の》り物《もの》といえば？

この問題《もんだい》に「小《ちい》さな子《こ》が乗《の》る三輪車《さんりんしゃ》」と答《こた》える人《ひと》は多《おお》いでしょう。中《なか》には夕イの乗《の》り物《もの》である「トゥクトゥク」と答《こた》える人《ひと》もいるかもしれません。

私《わたし》たちが学習《がくしゅう》したり、経験《けいけん》したりして得《え》た情報《じょうほう》は、共通点《きょうつうてん》があるものや似《に》通《かよ》ったものどうしでつながりをもちます。これを「スキーマ」といいます。スキーマの情報《じょうほう》は、その人《ひと》がどんな経《けい》験《けん》をしたかによってちがってきます。


先《さき》ほどの問題《もんだい》の答《こた》えが、人《ひと》によってちがうのも、そのためなのです。

また、スキーマは「乗《の》り物《もの》」などの「もの」だけでなく、「お正月《しょうがつ》」「学校《がっこう》に行《い》く」といった行事《ぎょうじ》、「学校《がっこう》の先生《せんせい》」「警察官《けいさつかん》」といった役割《やくわり》、人《ひと》や自分自《じぶんじ》身《しん》に対《たい》してのスキーマなど、さまざまなものがあります。だから、「おもちを食《た》べる行事《ぎょうじ》といえば？」「パトロールする職業《しょくぎょう》といえば？」などの問題《もんだい》にも、私《わたし》たちは答《こた》えられるのです。

三輪車《さんりんしゃ》

3つ車輪《しゃりん》がある
乗《の》り物《もの》はほかにも
ありそうだね

右《みぎ》は小《ちい》さな子《こ》どもが使《つか》う三輪車《さんりんしゃ》で、上《うえ》は主《おも》に東南《とうなん》アジアで使《つか》われている三輪《さんりん》タクシー「トゥクトゥク」。同《おな》じ「車輪《しゃりん》が3つ」でも、その人《ひと》が何《なに》を経験《けいけん》したり学習《がくしゅう》したりしてきたかによってスキーマがことなる。

さまざまなスキーマ

事象《じしょう》スキーマや役割《やくわり》スキーマ、人物《じんぶつ》スキーマ、自己《じこ》スキーマなど、さまざまなスキーマがある。

事象《じしょう》スキーマ

お正月《しょうがつ》、クリスマスなど、特定《とくてい》の行事《ぎょうじ》（事象《じしょう》）でどんなことがおこるかのスキーマ。

役割《やくわり》スキーマ

警察官《けいさつかん》、学校《がっこう》の先生《せんせい》など、人《ひと》が社会《しゃかい》においてどのような役割《やくわり》を果《は》たすかを予測《よそく》したり、反応《はんのう》したりするスキーマ。

自己《じこ》スキーマ

自分自身《じぶんじしん》についての知識《ちしき》や評価《ひょうか》に関《かん》するスキーマ。

もっと知《し》りたい

スマホの使《つか》い方《かた》もスキーマなので、機種変更後《きしゅへんこうご》も一《いち》から使《つか》い方《かた》を覚《おぼ》えなくてすむ。

11 赤《あか》ちゃんにはだっこやふれあいが必要《ひつよう》

ここからは、心《こころ》の成長《せいちょう》のようすに着目《ちゃくもく》した「発達心理学《はったつしんりがく》」の話題《わだい》を紹介《しょうかい》します。まずは、生《う》まれたばかりの赤《あか》ちゃんの「心《こころ》」についてせまってみましょう。

赤《あか》ちゃんは、ママやパパなどにだっこしてもらえないと泣《な》いてしまいますね。これはなぜでしょうか？　むかしは、赤《あか》ちゃんは「ミルクをくれる」「オムツをかえてくれる」など、自分《じぶん》の空腹《くうふく》や不快《ふかい》

愛着行動《あいちゃくこうどう》

赤《あか》ちゃんと、ママやパパなどがおたがいにもつ心《こころ》のきずなを心理学《しんりがく》では「愛着《あいちゃく》」といい、愛着《あいちゃく》を示《しめ》す赤《あか》ちゃんの行動《こうどう》を「愛着行動《あいちゃくこうどう》」とよぶ。愛着行動《あいちゃくこうどう》は、お世話《せわ》をしてくれる人《ひと》がそばにいてくれる状態《じょうたい》や、ふれあうことを求《もと》める。また、愛着行動《あいちゃくこうどう》は発達《はったつ》（心《こころ》や体《からだ》の成長《せいちょう》）にともなって変化《へんか》していく。

接近行動《せっきんこうどう》
よじ登《のぼ》る、しがみつくなど
発信行動《はっしんこうどう》
泣《な》く・笑《わら》う・発声《はっせい》など
定位行動《ていいこうどう》
後追《あとお》い、注視《ちゅうし》など

感《かん》をとりのぞいてくれる人《ひと》を求《もと》めて泣《な》いていると考《かんが》えられていました。

でも、本当《ほんとう》にそれだけなのでしょうか? そう考《かんが》えたアメリカの心理学者《しんりがくしゃ》ハリー・F・ハーロウは、生《う》まれたばかりの子《こ》ザルで実《じっ》験《けん》をしました。すると、子《こ》ザルは、おなかがすいていないときでも、やわらかい布《ぬの》を巻《ま》いた人形《にんぎょう》にしがみついたそうです。このことから、人間《にんげん》の赤《あか》ちゃんも、だっこしてもらえる感触《かんしょく》が好《す》きだからだっこを求《もと》めると考《かんが》えられます。

代理母模型実験《だいりははもけいじっけん》

針金《はりがね》でできた「ハードマザー」と、やわらかな布《ぬの》を巻《ま》いた「ソフトマザー」の代理母模型《だいりははもけい》2体《たい》を用意《ようい》し、子《こ》ザルを一緒《いっしょ》に置《お》く。子《こ》ザルはミルクを飲《の》む以外《いがい》、多《おお》くの時間《じかん》でソフトマザーのほうにしがみついた。この実験《じっけん》は愛着理論《あいちゃくりろん》を証明《しょうめい》するものだったが、倫理上物議《りんりじょうぶつぎ》をかもした。

もっと知《し》りたい

カモなどの鳥《とり》は、卵《たまご》からかえったときに見《み》たものを一生追《いっしょうお》いかけるようになる。

子《こ》どもは教《おし》えられなくても観察《かんさつ》して学《まな》ぶ

これを読《よ》んでいるみなさんは、「テレビのマネをしてはいけませんよ」といわれたことはありませんか？　それは、子《こ》どもには自分《じぶん》で経験《けいけん》したことだけではなく、ほかの人《ひと》の行動《こうどう》を観察《かんさつ》して学習《がくしゅう》する力《ちから》があるからです。

カナダの心理学者《しんりがくしゃ》アルバート・バンデューラの実験《じっけん》を紹介《しょうかい》します。この実験《じっけん》では、「ボボ人形《にんぎょう》」とよばれる空気《くうき》でふくらませた人《にん》

ボボ人形《にんぎょう》の実験《じっけん》

起《お》き上《あ》がりこぼしのように、攻撃《こうげき》しても起《お》き上《あ》がってくる「ボボ人形《にんぎょう》」を置《お》く。大人《おとな》が人形《にんぎょう》に攻撃《こうげき》するのを見《み》た子《こ》どものグループは、そうでないグループより、明《あき》らかに人形《にんぎょう》に対《たい》して攻撃《こうげき》的《てき》になった。

形《ぎょう》を用意《ようい》しました。参加者《さんかしゃ》の子《こ》どもたちを2つのグループに分《わ》け、一方《いっぽう》にはボボ人形《にんぎょう》に大人《おとな》が攻撃《こうげき》しているようすを、もう一方《いっぽう》には、大人《おとな》が人形《にんぎょう》で遊《あそ》んでいるようすを見《み》せます。

　すると、攻撃《こうげき》するようすを見《み》せられた子《こ》どもたちは、もう一方《いっぽう》の子《こ》どもたちより、人形《にんぎょう》に対《たい》して攻《こう》撃的《げきてき》になりました。

　ただし、この実験《じっけん》の結果《けっか》から、「子《こ》どもはなんでもマネしてしまう」と考《かんが》えるのはまちがっているという意見《いけん》もあります。

マネをすることで学《まな》ぶ

子《こ》どもは、単《たん》にほかの人《ひと》の行動《こうどう》をまねるだけでない。たとえばほかの人《ひと》が、その行動《こうどう》をしてほめられれば自分《じぶん》もまねる。しかられればその行動《こうどう》をひかえる。

もっと知《し》りたい

生《う》まれたての赤《あか》ちゃんは、「新生児模倣《しんせいじもほう》」といって、大人《おとな》の表情《ひょうじょう》をまねることがある。

13 子《こ》どもの心《こころ》は4つのステージを経《へ》て成長《せいちょう》する

子《こ》どもの心《こころ》は、どのようにして成長《せいちょう》していくのでしょうか。20世《せい》紀《き》に活躍《かつやく》したスイスの心理学者《しんりがくしゃ》ジャン・ピアジェは、赤《あか》ちゃんが大人《おとな》になるまでの心《こころ》の発達《はったつ》には、4つの段階《だんかい》があると考《かんが》えました。

0～2歳《さい》の「感覚運動期《かんかくうんどうき》」は、体《からだ》を動《うご》かしながら外《そと》の世界《せかい》のしくみを探《さぐ》る段階《だんかい》です。

2～7歳《さい》の「前操作期《ぜんそうさき》」は、言《こと》葉《ば》を覚《おぼ》え、「ごっこ遊《あそ》び」がみら

4つの発達段階《はったつだんかい》を経《へ》て、子《こ》どもは大人《おとな》になっていく

イラストの下側《したがわ》に示《しめ》したのは、ピアジェがとなえた4つの発達段《はったつだん》階《かい》である。また、それぞれの発《はっ》達過程《たつかてい》に関連《かんれん》する典型的《てんけいてき》な課題《かだい》を示《しめ》した。

保存《ほぞん》の概念《がいねん》

Aと同量《どうりょう》のBをCに移《うつ》す

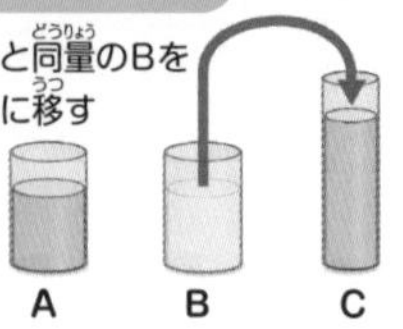

上《うえ》のイラストのAとCの水《みず》の量《りょう》は同《おな》じだが、6～7歳以下《さいいか》の子《こ》は、見《み》た目《め》に水面《すいめん》が高《たか》いCの水《みず》のほうが多《おお》いと答《こた》えることが多《おお》い。

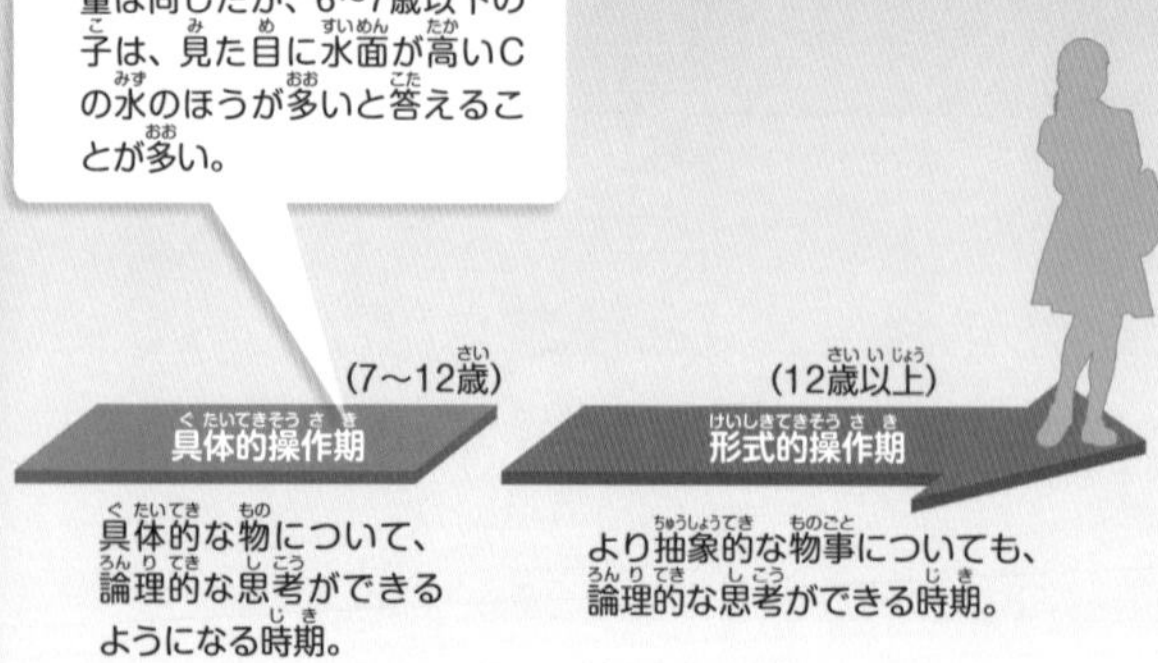

具体的《ぐたいてき》な物《もの》について、論理的《ろんりてき》な思考《しこう》ができるようになる時期《じき》。

より抽象的《ちゅうしょうてき》な物事《ものごと》についても、論理的《ろんりてき》な思考《しこう》ができる時期《じき》。

れる段階《だんかい》です。この段階《だんかい》を終《お》えるころには、ほかの人《ひと》からの視点《してん》も理解《りかい》できるようになります。論理的《ろんりてき》な思考《しこう》をしはじめる7～12歳《さい》の段階《だんかい》を「具体的操作期《ぐたいてきそうさき》」といいます。

12歳以降《さいいこう》の「形式的操作期《けいしきてきそうさき》」になると、形《かたち》のない抽象的《ちゅうしょうてき》な物事《ものごと》についても論理的《ろんりてき》な思考《しこう》ができるようになります。

ピアジェは、この4つの段階《だんかい》を1つずつ進《すす》み、大人《おとな》と同《おな》じ思考《しこう》ができるようになるのが、心《こころ》の発達《はったつ》だと考《かんが》えました。

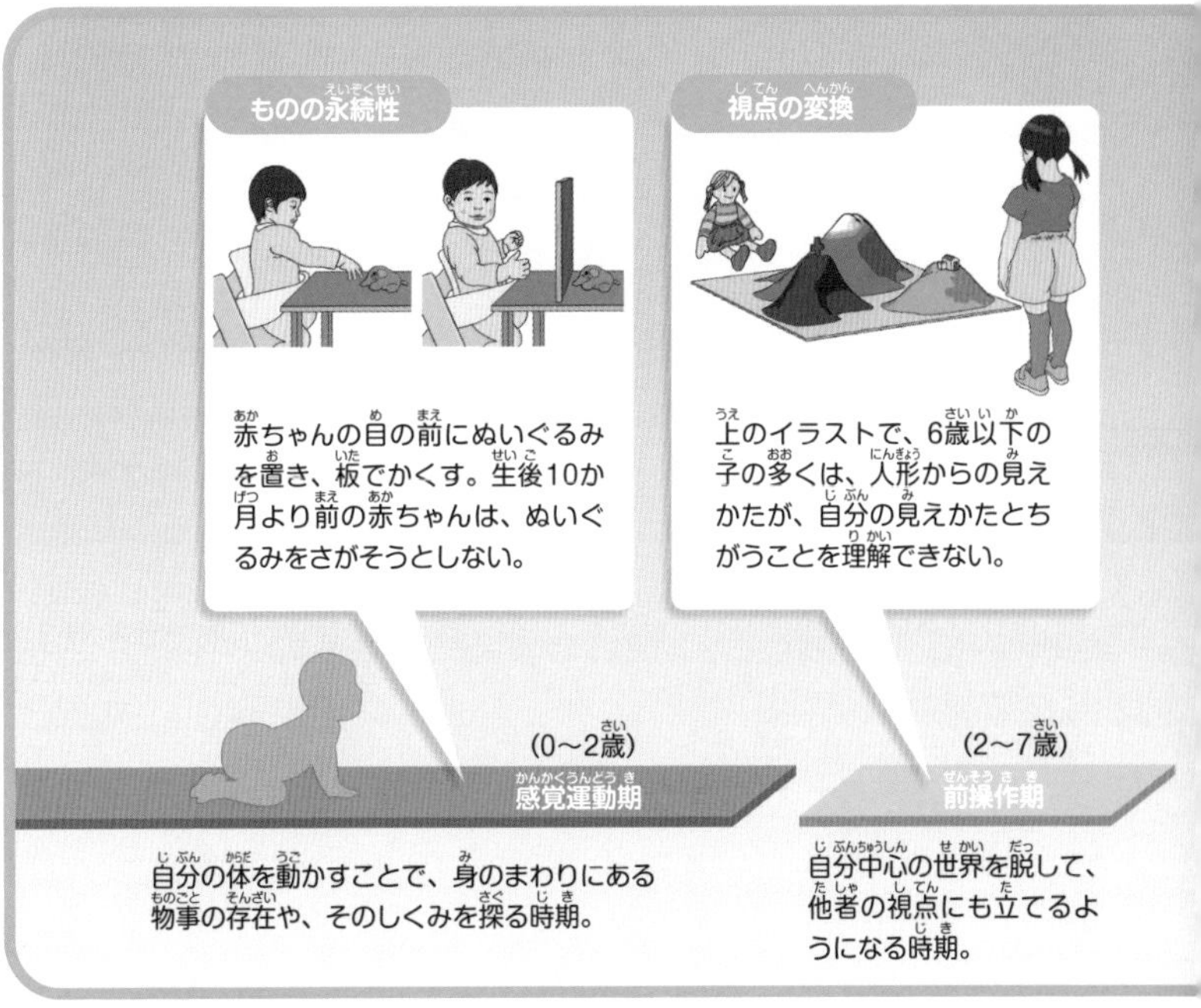
ものの永続性《えいぞくせい》
赤《あか》ちゃんの目《め》の前《まえ》にぬいぐるみを置《お》き、板《いた》でかくす。生後《せいご》10か月《げつ》より前《まえ》の赤《あか》ちゃんは、ぬいぐるみをさがそうとしない。
視点《してん》の変換《へんかん》
上《うえ》のイラストで、6歳以下《さいいか》の子《こ》の多《おお》くは、人形《にんぎょう》からの見《み》えかたが、自分《じぶん》の見《み》えかたとちがうことを理解《りかい》できない。
(0～2歳《さい》)
感覚運動期《かんかくうんどうき》
自分《じぶん》の体《からだ》を動《うご》かすことで、身《み》のまわりにある物事《ものごと》の存在《そんざい》や、そのしくみを探《さぐ》る時期《じき》。
(2～7歳《さい》)
前操作期《ぜんそうさき》
自分中心《じぶんちゅうしん》の世界《せかい》を脱《だっ》して、他者《たしゃ》の視点《してん》にも立《た》てるようになる時期《じき》。

もっと知《し》りたい

ピアジェには3人《にん》の子《こ》がおり、子《こ》どもたちの成長《せいちょう》を観察《かんさつ》して研究《けんきゅう》に役立《やくだ》てた。

やすみじかん

サリーの気《き》持《も》ちになってみよう

ほかの人《ひと》の立場《たちば》や状況《じょうきょう》を理解《りかい》したうえで、その人《ひと》の気《き》持《も》ちや考《かんが》えを察《さっ》する心《こころ》のはたらきを「心《こころ》の理論《りろん》」といいます。

左《ひだり》ページで紹介《しょうかい》しているのは、「サリーとアンの課題《かだい》」とよばれる実験《じっけん》で使《つか》われている紙《かみ》芝居《しばい》です。子《こ》どもに、1から5までの絵《え》を順番《じゅんばん》に見《み》せ、最後《さいご》に「部屋《へや》にもどったサリーは、かごと箱《はこ》のどちらをさがすか」と問《と》います。

ポイントは、「ボールがかごから箱《はこ》へと移《うつ》された事実《じじつ》をサリーは知《し》らない」ことです。3歳《さい》までの子《こ》どものほとんどは、サリーの身《み》になって考《かんが》えることができず、今《いま》ボールがある「箱《はこ》」をさがすと答《こた》えます。そして、4〜5歳《さい》では、「かご」をさがすと正《ただ》しく答《こた》えるようになります。つまり、このころになると、子《こ》どもは「心《こころ》の理論《りろん》」を獲得《かくとく》しているのです。

1 サリーとアンは、同《おな》じ部屋《へや》にいる
サリー
かご
箱《はこ》
アン
2 サリーがボールをかごにしまう
ボール
3 サリーが部屋《へや》を出《て》る
4 アンがボールを箱《はこ》に移《うつ》す
5 サリーがボールをさがす

Q

サリーがボールをさがすのは、かごと箱《はこ》のどちら？

大人《おとな》になっても心《こころ》の発達《はったつ》はつづいていく

青年期《せいねんき》

(13~18歳《さい》ごろ)

危機《きき》：自分《じぶん》がどのような人間《にんげん》かについて悩《なや》み、混乱《こんらん》する「同一性拡散《どういつせいかくさん》」。

課題《かだい》：「自我同一性《じがどういつせい》(アイデンティティ)」の獲得《かくとく》。

前成人期《ぜんせいじんき》

(19~39歳《さい》ごろ)

危機《きき》：よい人間関係《にんげんかんけい》が築《きず》けずに「孤立《こりつ》」する。

課題《かだい》：たがいに尊重《そんちょう》できる友《ゆう》人《じん》やパートナーとの「親密性《しんみつせい》」の獲得《かくとく》。

成人期《せいじんき》

(40~59歳《さい》ごろ)

危機《きき》：心《こころ》の発達《はったつ》の「停滞《ていたい》」。

課題《かだい》：次《つぎ》の世代《せだい》に意識《いしき》を向《む》ける「世代性《せだいせい》」の獲得《かくとく》。

老年期《ろうねんき》

(60歳《さい》ごろ以降《いこう》)

危機《きき》：自分《じぶん》の人生《じんせい》について後悔《こうかい》をいだき、「絶望《ぜつぼう》」する。

課題《かだい》：自分《じぶん》の人生《じんせい》を肯定的《こうていてき》に受《う》け入《い》れる「統合《とうごう》性《せい》」の獲得《かくとく》。

成長《せいちょう》するにつれて、新《あら》たな「危機《きき》」と「課題《かだい》」が訪《おとず》れる

エリクソンの考《かんが》えた、人《ひと》の心《こころ》の発達段階《はったつだんかい》を示《しめ》した。また、8ある段階《だんかい》にはそれぞれ、特有《とくゆう》の「危機《きき》」と、それを解決《かいけつ》するための「課題《かだい》」があるとしている。エリクソンは、こうした課題《かだい》をこなしていきながら、心《こころ》の発達《はったつ》は生涯《しょうがい》つづいていくと考《かんが》えたのだ。

心《こころ》の発達《はったつ》は、大人《おとな》になったからといって終《お》わるものではありません。

アメリカの心理学者《しんりがくしゃ》エリク・H・エリクソンは、大人《おとな》になっても心《こころ》の発達《はったつ》はつづくと主張《しゅちょう》し、生涯《しょうがい》を通《つう》じた心《こころ》の発達《はったつ》を8つの段階《だんかい》に分《わ》けました。これを「心理社会的発達理論《しんりしゃかいてきはったつりろん》」といいます。

それぞれの段階《だんかい》には、その時期《じき》特有《とくゆう》の「危機《きき》」があり、危機《きき》を解決《かいけつ》していくことが、その段階《だんかい》における「課題《かだい》」であるとエリクソンは考《かんが》えました。

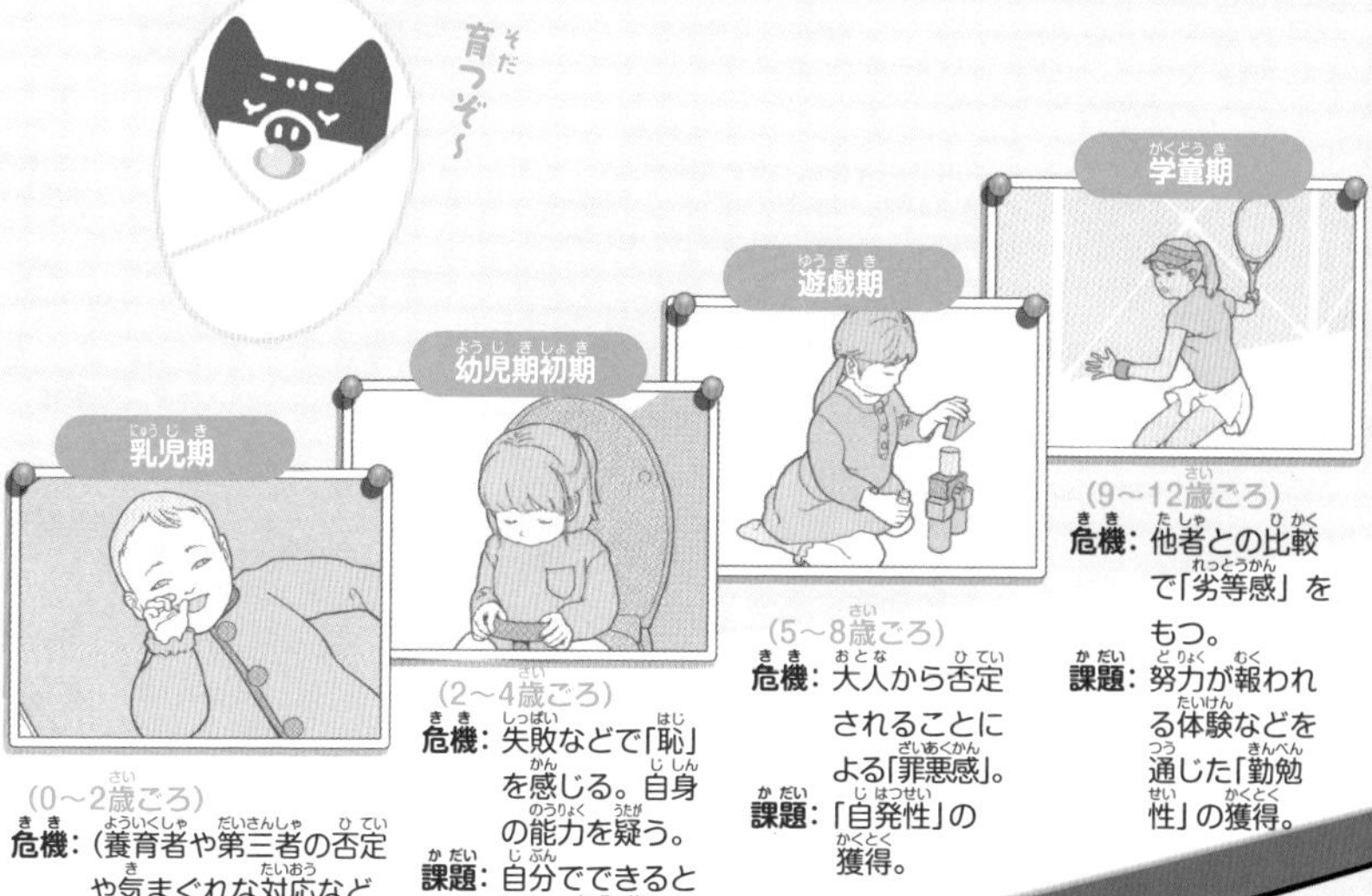

(0〜2歳《さい》ごろ)
危機《きき》：(養育者《よういくしゃ》や第三者《だいさんしゃ》の否定《ひてい》や気《き》まぐれな対応《たいおう》などで)「不信《ふしん》」をいだく。
課題《かだい》：他者《たしゃ》を「信頼《しんらい》」する。

(2〜4歳《さい》ごろ)
危機《きき》：失敗《しっぱい》などで「恥《はじ》」を感《かん》じる。自身《じしん》の能力《のうりょく》を疑《うたが》う。
課題《かだい》：自分《じぶん》でできるという「自律性《じりつせい》」の獲得《かくとく》。

(5〜8歳《さい》ごろ)
危機《きき》：大人《おとな》から否定《ひてい》されることによる「罪悪感《ざいあくかん》」。
課題《かだい》：「自発性《じはつせい》」の獲得《かくとく》。

(9〜12歳《さい》ごろ)
危機《きき》：他者《たしゃ》との比較《ひかく》で「劣等感《れっとうかん》」をもつ。
課題《かだい》：努力《どりょく》が報《むく》われる体験《たいけん》などを通《つう》じた「勤勉性《きんべんせい》」の獲得《かくとく》。

もっと知《し》りたい

学童期《がくどうき》の課題《かだい》「勤勉性《きんべんせい》」は、自分《じぶん》の意思《いし》で「まじめにやろう」という気持《きも》ちのこと。

「自分《じぶん》はどんな人間《にんげん》？」という問《と》いが人《ひと》を成長《せいちょう》させる

ここでは、前《まえ》のページで紹介《しょうかい》したエリクソンの発達段階《はったつだんかい》のうち、「青年期《せいねんき》」の危機《きき》と課題《かだい》についてくわしく紹介《しょうかい》します。

青年期《せいねんき》は、急激《きゅうげき》な体《からだ》の変化《へんか》により、自分自身《じぶんじしん》の過去《かこ》からのつながりを感《かん》じにくくなります。さらに、進学《しんがく》・進級《しんきゅう》にともなう友《とも》だちとの関係《かんけい》、恋愛《れんあい》、親《おや》との関係《かんけい》など、人《ひと》との関係《かんけい》も変化《へんか》しやすい時期《じき》です。そのため、子《こ》ども時代《じだい》から築《きず》

アイデンティティクライシスあり

モラトリアム型《がた》

答《こた》えを見《み》つけようと考《かんが》えている

アイデンティティクライシスの危機《きき》を経験《けいけん》している最中《さいちゅう》。

オレはいったい何者《なにもの》なんだろう？

モラトリアム：
本来《ほんらい》は「支払《しはら》い猶予期間《ゆうよきかん》」の意味《いみ》。心理学《しんりがく》では、社会的責任《しゃかいてきせきにん》に対《たい》しての猶予期間《ゆうよきかん》という意味《いみ》で使《つか》われている。

アイデンティティクライシスなし

アイデンティティ拡散型《かくさんがた》

「自分《じぶん》がどんな人間《にんげん》か」の疑問《ぎもん》をもったことがない

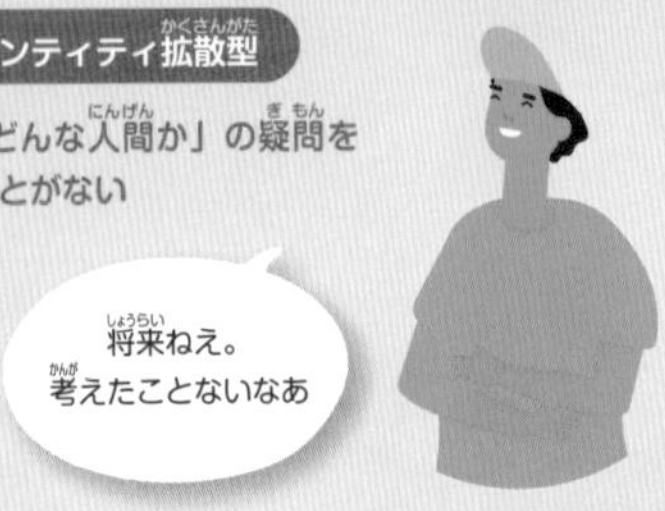
将来《しょうらい》ねえ。考《かんが》えたことないなあ

いてきた「これが自分《じぶん》」という像《ぞう》（アイデンティティ：自我同一性《じがどういつせい》）を失《うしな》います。これを「アイデンティティクライシス」といいます。

また、アイデンティティを確立《かくりつ》することが、青年期《せいねんき》の「課題《かだい》」です。

臨床発達心理学者《りんしょうはったつしんりがくしゃ》のジェームス・マーシャは、アイデンティティを確立《かくりつ》するまでの状態《じょうたい》を、「アイデンティティクライシスを体験《たいけん》しているかどうか」、「打《う》ちこむ対象《たいしょう》があるかどうか」の視点《してん》から4つに分《わ》けました。

悩《なや》むことにも意味《いみ》があるんだな

アイデンティティの4つの状態《じょうたい》

マーシャは、アイデンティティクライシスと打《う》ちこむ対象《たいしょう》の有無《うむ》によってアイデンティティの状態《じょうたい》を4つに分類《ぶんるい》した。アイデンティティ達成型《たっせいがた》が最《もっと》も安定《あんてい》したタイプと考《かんが》えられる。アイデンティティ拡散型《かくさんがた》は、積極的《せっきょくてき》に打《う》ちこむ対象《たいしょう》がないため、よりどころがない状態《じょうたい》になり、孤立《こりつ》感《かん》や不安感《ふあんかん》がつのったり、あせりを感《かん》じたりといった傾向《けいこう》になりやすい。

アイデンティティ達成型《たっせいかた》

自分《じぶん》なりの答《こた》えを見《み》つけ出《だ》した

アイデンティティクライシスを経験《けいけん》し、打《う》ちこむ対象《たいしょう》がある。

パソコンが好《す》きだから、プログラマーになろうって決《き》めた！

早期達成型《そうきたっせいがた》

他人《たにん》に決《き》められたアイデンティティにたよっている

危機《きき》を経験《けいけん》せず、打《う》ちこむ対象《たいしょう》がある状態《じょうたい》。

親《おや》が医者《いしゃ》になれっていうから、医学部《いがくぶ》めざして勉強《べんきょう》してるわ！

もっと知《し》りたい

鏡《かがみ》に映《うつ》った自分《じぶん》の姿《すがた》を「自分《じぶん》だ」と認識《にんしき》できるのは2歳前後《さいぜんご》といわれている。

16 「その人《ひと》らしさ」や「ほかの人《ひと》とのちがい」の心理学《しんりがく》

ここからは「パーソナリティ心理学《しんりがく》」についてふれます。「パーソナリティ」とは、性格《せいかく》など「その人《ひと》らしさ」のことです。この心理学《しんりがく》では、パーソナリティにあらわれるさまざまな特徴《とくちょう》（特性《とくせい》）を「量《りょう》」で考《かんが》えます。これを「特性論《とくせいろん》」といいます。

特性論《とくせいろん》を考《かんが》え出《だ》した20世紀《せいき》のアメリカの心理学者《しんりがくしゃ》オルポートは、パーソナリティを、多《おお》くの人《ひと》に共通《きょうつう》している「共通特性《きょうつうとくせい》」と、個人《こじん》にしかない「個《こ》人特性《じんとくせい》」に分《わ》けました。同《おな》じくアメリカの心理学者《しんりがくしゃ》キャッテルは、「個人特《こじんとく》性《せい》」を他人《たにん》からも観察《かんさつ》できる「表面特《ひょうめんとく》性《せい》」と、価値観《かちかん》や遺伝《いでん》などによる「根《こん》源特性《げんとくせい》」に分《わ》け、根源特性《こんげんとくせい》を知《し》るための16の因子《いんし》（要素《ようそ》）を考《かんが》えました。

さらに、イギリスの心理学者《しんりがくしゃ》アイゼンクは、「外向《がいこう》・内向《ないこう》」「神経症傾向《しんけいしょうけいこう》」「精神病的傾向《せいしんびょうてきけいこう》」の3つがどの程度《ていど》あらわれているかで、パーソナリティをみることができると考《かんが》えました。

オルポートの「特性論《とくせいろん》」

ぼくは変身《へんしん》するのが大好《だいす》き！

オルポートは、パーソナリティを「個人特性《こじんとくせい》」と、「共通特性《きょうつうとくせい》」に分《わ》けた。共通特性《きょうつうとくせい》では、たとえば「内《ない》向性《こうせい》」など多《おお》くの人《ひと》に共通《きょうつう》する特徴《とくちょう》に対《たい》して、「内向《ないこう》性《せい》が強《つよ》い」「内向性《ないこうせい》が弱《よわ》い」など、ほかの人《ひと》とくらべて測《はか》ることができる。それに対《たい》して「個人特性《こじんとくせい》」は、個人《こじん》の価値観《かちかん》や経験《けいけん》などが含《ふく》まれているため、簡単《かんたん》にほかの人《ひと》とくらべることができない。

そりゃたぶん個人特性《こじんとくせい》だな
ぶートンしかできないし

個人特性《こじんとくせい》
個人《こじん》だけに特徴的《とくちょうてき》な特性《とくせい》

共通特性《きょうつうとくせい》
多《おお》くの人《ひと》に共通《きょうつう》している特性《とくせい》

キャッテルの16の因子《いんし》

キャッテルは、オルポートの考《かんが》えた「個人特性《こじんとくせい》」は、「表面特性《ひょうめんとくせい》」と、「根源特性《こんげんとくせい》」があるとした。そして、根源特性《こんげんとくせい》には16の因子《いんし》（要素《ようそ》）があると考《かんが》えた。

表面特性《ひょうめんとくせい》
外《そと》から観察《かんさつ》できる特性《とくせい》。

根源特性《こんげんとくせい》
外《そと》から観察《かんさつ》できない16の特性《とくせい》。

16因子《いんし》

近親《きんしん》　警戒《けいかい》
推理《すいり》　抽象《ちゅうしょう》
適応《てきおう》　隔絶《かくぜつ》
支配《しはい》　懸念《けねん》
躍動《やくどう》　変革《へんかく》
規則《きそく》　自律《じりつ》
大胆《だいたん》　完璧《かんぺき》
感度《かんど》　緊張《きんちょう》

もっと知《し》りたい

「パーソナリティ」は、ラテン語《ご》の「ペルソナ（仮面《かめん》）」に由来《ゆらい》する言葉《ことば》。

性格《せいかく》を5項目《こうもく》のレーダーチャートで分析《ぶんせき》する

1960年代《ねんだい》になると、コンピューターによる解析《かいせき》や、大規模《だいきぼ》な統計学《とうけいがく》の調査《ちょうさ》（↓25ページ）が行《おこな》われるようになり、パーソナリティの研究《けんきゅう》はさらに進《すす》みました。その結果《けっか》、多《おお》くの研究者《けんきゅうしゃ》が、人《ひと》のパーソナリティは「神経症傾向《しんけいしょうけいこう》」「誠実性《せいじつせい》」「外向性《がいこうせい》」「開放性《かいほうせい》」「協調性《きょうちょうせい》」の5種類《しゅるい》であらわすことができると考《かんが》えました。

さらに、同《おな》じ研究手法《けんきゅうしゅほう》をことなる言語《げんご》や文化《ぶんか》をもつ国《くに》で行《おこな》ってみても、やはり同《おな》じような5種類《しゅるい》にまとめられることがわかりました。つまり、この5つは、人《ひと》のパーソナリティに共通《きょうつう》する性質《せいしつ》なのではないかと考《かんが》えられるようになったのです。

アメリカの心理学者《しんりがくしゃ》ルイス・ゴールドバーグは、この5つのことを「ビッグ・ファイブ」とよびました。そして、この5つで人《ひと》のパーソナリティを表現《ひょうげん》できるとする考《かんが》えかたを「ビッグ・ファイブ理論《りろん》」といいます。

パーソナリティをあらわす5つの要素《ようそ》

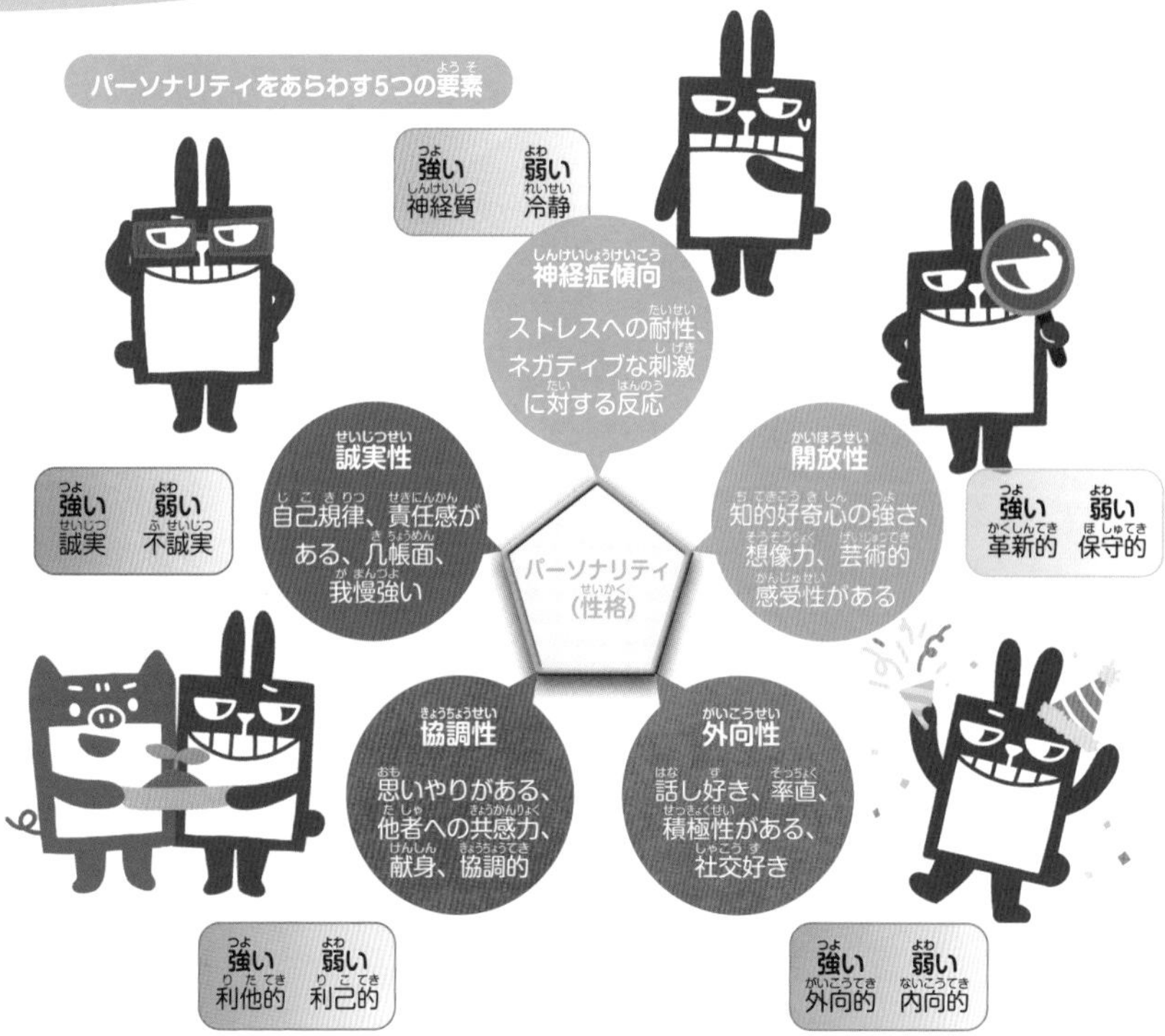

強《つよ》い 神経質《しんけいしつ》
弱《よわ》い 冷静《れいせい》
神経症傾向《しんけいしょうけいこう》
ストレスへの耐性《たいせい》、ネガティブな刺激《しげき》に対《たい》する反応《はんのう》
誠実性《せいじつせい》
自己規律《じこきりつ》、責任感《せきにんかん》がある、几帳面《きちょうめん》、我慢強《がまんづよ》い
強《つよ》い 誠実《せいじつ》
弱《よわ》い 不誠実《ふせいじつ》
開放性《かいほうせい》
知的好奇心《ちてきこうきしん》の強《つよ》さ、想像力《そうぞうりょく》、芸術的《げいじゅつてき》感受性《かんじゅせい》がある
強《つよ》い 革新的《かくしんてき》
弱《よわ》い 保守的《ほしゅてき》
パーソナリティ（性格《せいかく》）
協調性《きょうちょうせい》
思《おも》いやりがある、他者《たしゃ》への共感力《きょうかんりょく》、献身《けんしん》、協調的《きょうちょうてき》
強《つよ》い 利他的《りたてき》
弱《よわ》い 利己的《りこてき》
外向性《がいこうせい》
話《はな》し好《す》き、率直《そっちょく》、積極性《せっきょくせい》がある、社交好《しゃこうず》き
強《つよ》い 外向的《がいこうてき》
弱《よわ》い 内向的《ないこうてき》

ビッグ・ファイブ理論《りろん》

質問項目《しつもんこうもく》に答《こた》えることで、5つの要素《ようそ》がどのくらい強《つよ》いか（もしくは弱《よわ》いか）を測定《そくてい》し、その人《ひと》のパーソナリティをレーダーチャートとしてあらわす。たとえば、「外向性《がいこうせい》」は、強《つよ》い場《ば》合《あい》は「外向的《がいこうてき》」、弱《よわ》い場合《ばあい》は「内向的《ないこうてき》」なパーソナリティとなる。

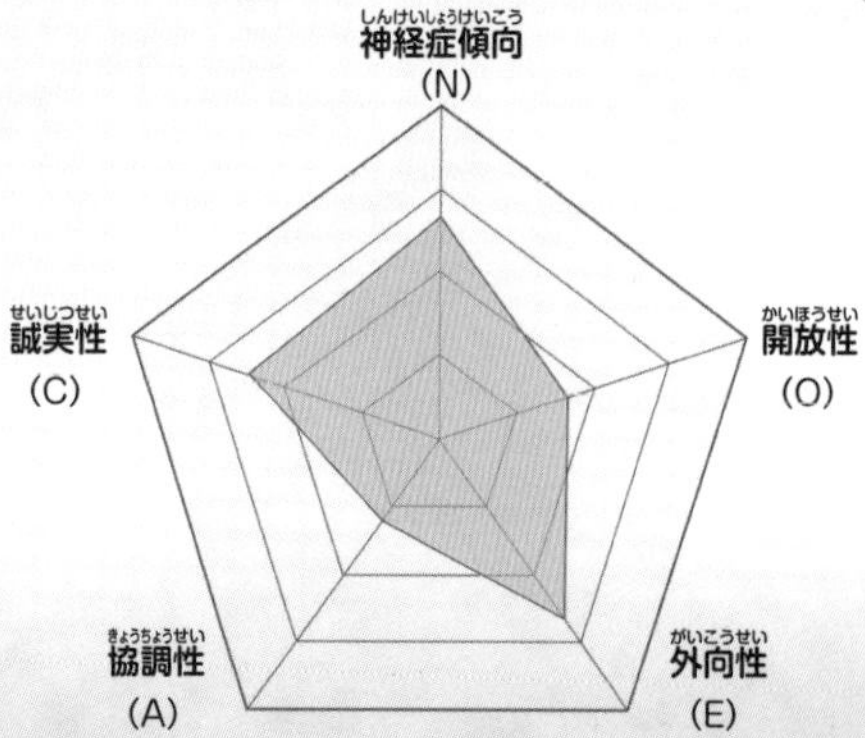

神経症傾向《しんけいしょうけいこう》 (N)
開放性《かいほうせい》 (O)
外向性《がいこうせい》 (E)
協調性《きょうちょうせい》 (A)
誠実性《せいじつせい》 (C)

もっと知《し》りたい

パーソナリティは時間《じかん》や環境《かんきょう》によって変化《へんか》することはないと考《かんが》えられている。

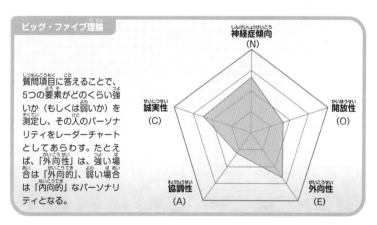

18 「こうしたい」「ああなりたい」の5ステップ

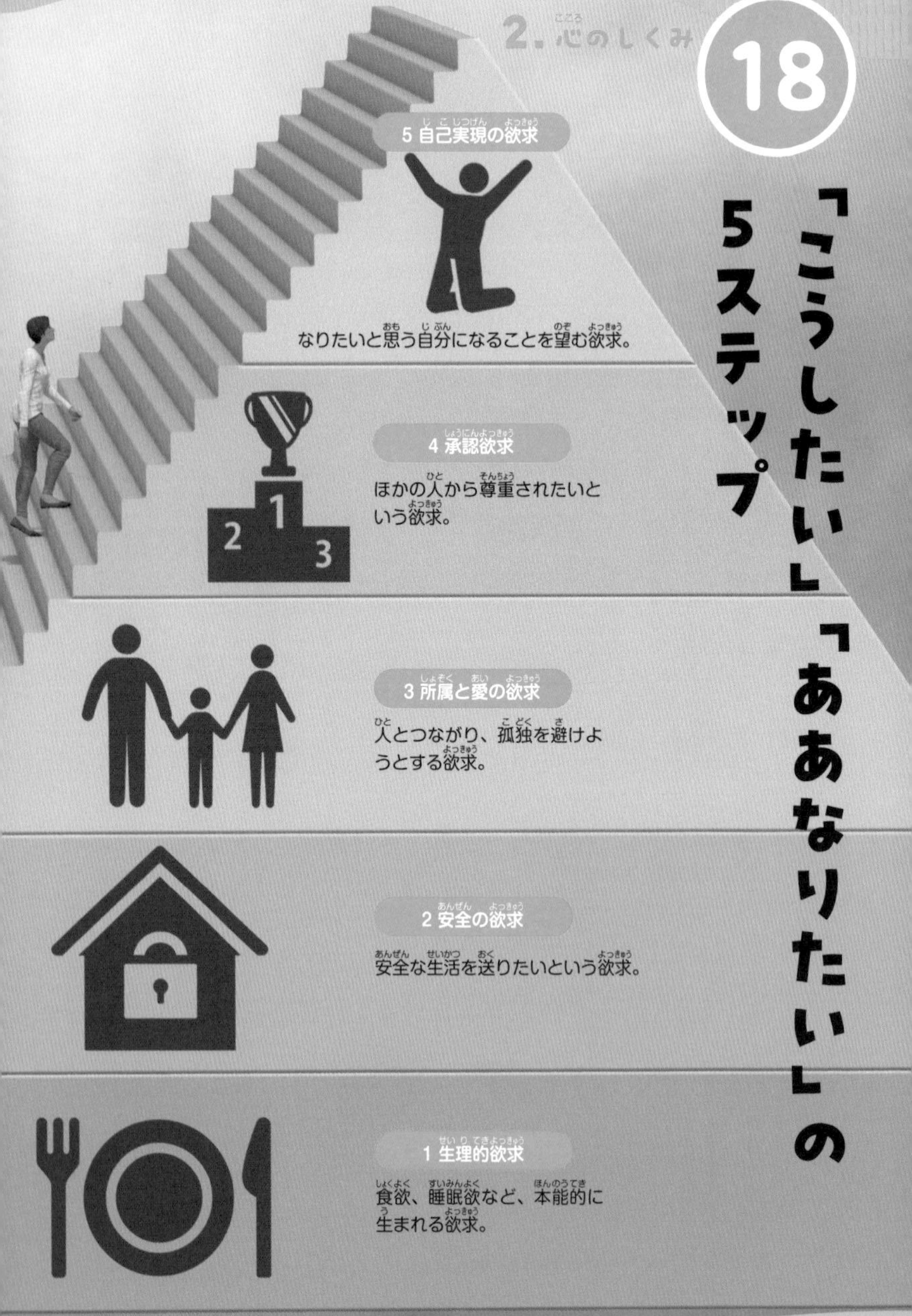
5 自己実現《じこじつげん》の欲求《よっきゅう》
なりたいと思《おも》う自分《じぶん》になることを望《のぞ》む欲求《よっきゅう》。
1
2
3
4 承認欲求《しょうにんよっきゅう》
ほかの人《ひと》から尊重《そんちょう》されたいという欲求《よっきゅう》。
3 所属《しょぞく》と愛《あい》の欲求《よっきゅう》
人《ひと》とつながり、孤独《こどく》を避《さ》けようとする欲求《よっきゅう》。
2 安全《あんぜん》の欲求《よっきゅう》
安全《あんぜん》な生活《せいかつ》を送《おく》りたいという欲求《よっきゅう》。
1 生理的欲求《せいりてきよっきゅう》
食欲《しょくよく》、睡眠欲《すいみんよく》など、本能的《ほんのうてき》に生《う》まれる欲求《よっきゅう》。

20世紀《せいき》のアメリカの心理学者《しんりがくしゃ》マズローは、人間《にんげん》の欲求《よっきゅう》には5つの階層《かいそう》があり、低《ひく》い階層《かいそう》の欲求《よっきゅう》が満《み》たされてはじめて、より高《たか》い階層《かいそう》の欲求《よっきゅう》が生《う》まれると考《かんが》えました。
最初《さいしょ》は「眠《ねむ》りたい」「食《た》べたい」などの命《いのち》にかかわる欲求《よっきゅう》からはじまり、それがクリアされると「安《あん》全《ぜん》でいたい」「愛《あい》されたい」「認《みと》められたい」などの欲求《よっきゅう》が次々《つぎつぎ》にあらわれます。最終的《さいしゅうてき》には、「自分《じぶん》が理想《りそう》とする自分《じぶん》になりたい」という欲求《よっきゅう》が生《う》まれます。

マズローの「欲求《よっきゅう》5段階説《だんかいせつ》」

右《みぎ》は、マズローがとなえた「欲求《よっきゅう》5段階説《だんかいせつ》」を、ピラミッドに見《み》たてて表現《ひょうげん》したもの。マズローは、どのような人《ひと》が5の「自己実現《じこじつげん》」を果《は》たしたのかを調《しら》べ、「現実《げんじつ》を客観的《きゃっかんてき》に見《み》ることができる」「浅《あさ》く広《ひろ》い人間関係《にんげんかんけい》よりも少数《しょうすう》の人《ひと》との親密《しんみつ》な人間関《にんげんかん》係《けい》をもつ」などの共通点《きょうつうてん》をまとめた。しかし、自《じ》己実現《こじつげん》を果《は》たせる人《ひと》は、全人口《ぜんじんこう》の1〜2%にすぎないだろうとものべている。

もっと知《し》りたい

SNSで「いいね！」が欲《ほ》しいと望《のぞ》むことは、4段階目《だんかいめ》の「承認欲求《しょうにんよっきゅう》」の一種《いっしゅ》。

やすみじかん

ストレスを感《かん》じやすい性質《せいしつ》とは？

不安《ふあん》やストレスの感《かん》じやすさは、性格《せいかく》によってことなります。「繊細《せんさい》でストレスを感《かん》じやすい気質《きしつ》」として近年注目《きんねんちゅうもく》を集《あつ》めているのが「HSP（Highly Sensitive Person）」です。HSPは、下《した》の4つの特徴《とくちょう》をすべてもっているといわれています。

HSPは
病気《びょうき》じゃなくて
心《こころ》の特性《とくせい》だよ

HSPの4つの特徴《とくちょう》

物事《ものごと》を深掘《ふかぼ》りしやすい
独創的《どくそうてき》な発想《はっそう》は得意《とくい》だが、考《かんが》えすぎたり、心配《しんぱい》しすぎたりする。

刺激《しげき》を過剰《かじょう》に受《う》けやすい
人前《ひとまえ》に出《で》るなど刺激《しげき》が多《おお》い状況《じょうきょう》では、緊張《きんちょう》しすぎて疲《つか》れてしまいやすい。

共感《きょうかん》しやすい
ほかの人《ひと》の感情《かんじょう》を自分《じぶん》のことのように感《かん》じるあまり、自分《じぶん》の感情《かんじょう》がなおざりになる。

小《ちい》さな刺激《しげき》や変化《へんか》に敏感《びんかん》
においや音《おと》、光《ひかり》などの感覚《かんかく》刺激《しげき》や、ほかの人《ひと》の否定的《ひていてき》な言動《げんどう》に敏感《びんかん》。

3 じかんめ

人《ひと》とのつながりと心《こころ》

家族《かぞく》、友《とも》だち、先生《せんせい》……みなさんのまわりにはどんな人《ひと》がいますか。その人《ひと》の前《まえ》で、みなさんはどのようにふるまいますか。「心《こころ》」は、ほかの人《ひと》とのつながりに大《おお》きく影響《えいきょう》を受《う》けます。人間関係《にんげんかんけい》によって、「心《こころ》」がどのように変《へん》化《か》するかをみてみましょう。

なかまがいるって
いいね♪

01 「他人《たにん》から見《み》た自分《じぶん》」と「自分《じぶん》が考《かんが》える自分《じぶん》」

私《わたし》たちは、「自分《じぶん》のこと」を考《かんが》えるときでも、「ほかの人《ひと》から自分《じぶん》はどう見《み》えるだろう?」と意識《いしき》してしまうことがよくあります。

アメリカの心理学者《しんりがくしゃ》ジェームズは、「自分《じぶん》」とは、自分《じぶん》が思《おも》う自分《じぶん》（主我《しゅが》）と、ほかの人《ひと》から客観的《きゃっかんてき》に見《み》られる自《じ》分《ぶん》（客我《きゃくが》）の2つに分《わ》けられると考《かんが》えました。また、同《おな》じくアメリカの心理《しんり》学者《がくしゃ》バスは、「自己意識《じこいしき》（自分《じぶん》に向《む》ける意識《いしき》）」には、外見《がいけん》やふるまいなどほかの人《ひと》が観察《かんさつ》できることに意識《いしき》を向《む》ける「公的自己意識《こうてきじこいしき》」と、ほかの人《ひと》からは観察《かんさつ》できない、自分《じぶん》の感情《かんじょう》や考《かんが》えなどに意識《いしき》を向《む》ける「私的自己意識《してきじこいしき》」があるとしました。

私的自己意識《してきじこいしき》が高《たか》い人《ひと》は、ほかの人《ひと》への関心《かんしん》が低《ひく》くなります。逆《ぎゃく》に、公的《こうてき》自己意識《じこいしき》が高《たか》い人《ひと》は、ほかの人《ひと》からどう見《み》えるかをいつも気《き》にしています。

次《つぎ》のページから、人間関係《にんげんかんけい》の中《なか》でおきる心《こころ》のしくみを見《み》ていきましょう。

ジェームズの自己概念《じこがいねん》

自分《じぶん》で考《かんが》える主体《しゅたい》としての自己《じこ》（主我《しゅが》）と、ほかの人《ひと》から見《み》られる客体《きゃくたい》としての自己《じこ》(客我《きゃくが》)にわかれる。さらに客我《きゃくが》には「物質的自己《ぶっしつてきじこ》」「社会的自己《しゃかいてきじこ》」「精神的自己《せいしんてきじこ》」があるとした。

主体《しゅたい》としての自己《じこ》
（主我《しゅが》）

客体《きゃくたい》としての自己《じこ》
（客我《きゃくが》）

物質的自己《ぶっしつてきじこ》
自分《じぶん》の体《からだ》や家《か》族《ぞく》、財産《ざいさん》などに関《かん》する意識《いしき》

社会的自己《しゃかいてきじこ》
自分《じぶん》に対《たい》して、他人《たにん》がいだいているイメージなどに関《かん》する意識《いしき》

精神的自己《せいしんてきじこ》
自分《じぶん》の性格《せいかく》や価値《かち》観《かん》などに関《かん》する意識《いしき》

公的自己意識《こうてきじこいしき》と私的自己意識《してきじこいしき》

自己意識《じこいしき》には、服装《ふくそう》や髪型《かみがた》など他人《たにん》が観察《かんさつ》できる側面《そくめん》に注意《ちゅうい》を向《む》ける「公的自己意識《こうてきじこいしき》」と、他人《たにん》からは観察《かんさつ》できない自分《じぶん》の内面《ないめん》や感情《かんじょう》などに注意《ちゅうい》を向《む》ける「私的自己意識《してきじこいしき》」がある。

私的自己意識《してきじこいしき》
自分《じぶん》が何《なに》を考《かんが》えるかに意識《いしき》が向《む》かう。

公的自己意識《こうてきじこいしき》
他人《たにん》から見《み》た自分《じぶん》に意識《いしき》が向《む》かう。

もっと知《し》りたい

人《ひと》は自分《じぶん》を中心《ちゅうしん》に物事《ものごと》を解釈《かいしゃく》しがちである。これを「自己中心性《じこちゅうしんせい》バイアス」という。

02 テストの前日《ぜんじつ》なのにゲームをしてしまうのはなぜ？

自分《じぶん》を大切《たいせつ》にする気持《きも》ちを「自尊心《じそんしん》」といい、人《ひと》は自尊心《じそんしん》を守《まも》るために、無意識《むいしき》の行動《こうどう》をとることがあります。

たとえば、テストの前日《ぜんじつ》に遅《おそ》くまでゲームをしてしまったり、いつもはやらない部屋《へや》の掃除《そうじ》をしてしまった、という経験《けいけん》はありませんか？　こうした行動《こうどう》を心理学《しんりがく》では「セルフ・ハンディキャッピング」とよびます。これは、テストで失敗《しっぱい》して自尊心《じそんしん》が傷《きず》つくことをおそれ、あらかじめ「テストで失敗《しっぱい》したのは勉強《べんきょう》しなかったからだ」といういいわけを準備《じゅんび》しているのです。逆《ぎゃく》に、テストでいい点《てん》がとれた場合《ばあい》は、「勉強《べんきょう》しなかったのに成功《せいこう》した」「自分《じぶん》はすごい」と、自尊心《じそんしん》を満足《まんぞく》させることができます。

人《ひと》は誰《だれ》でもセルフ・ハンディキャッピングを知《し》らず知《し》らずに行《おこな》っています。失敗《しっぱい》したくないはずなのに、失敗《しっぱい》しやすくなる行動《こうどう》をとってしまうなんて、なんだかこわいですよね。

獲得的《かくとくてき》セルフ・ハンディキャッピング

みずからハンディキャップをつくりだしてしまう行為《こうい》をいう。試験《しけん》の前日《ぜんじつ》にあえてゲームや部屋《へや》の掃除《そうじ》をしてしまうといった行為《こうい》の裏《うら》には、自分《じぶん》に自信《じしん》がなく、失敗《しっぱい》したときのいいわけをつくって、自分《じぶん》を守《まも》ろうとする心《こころ》のしくみがある。

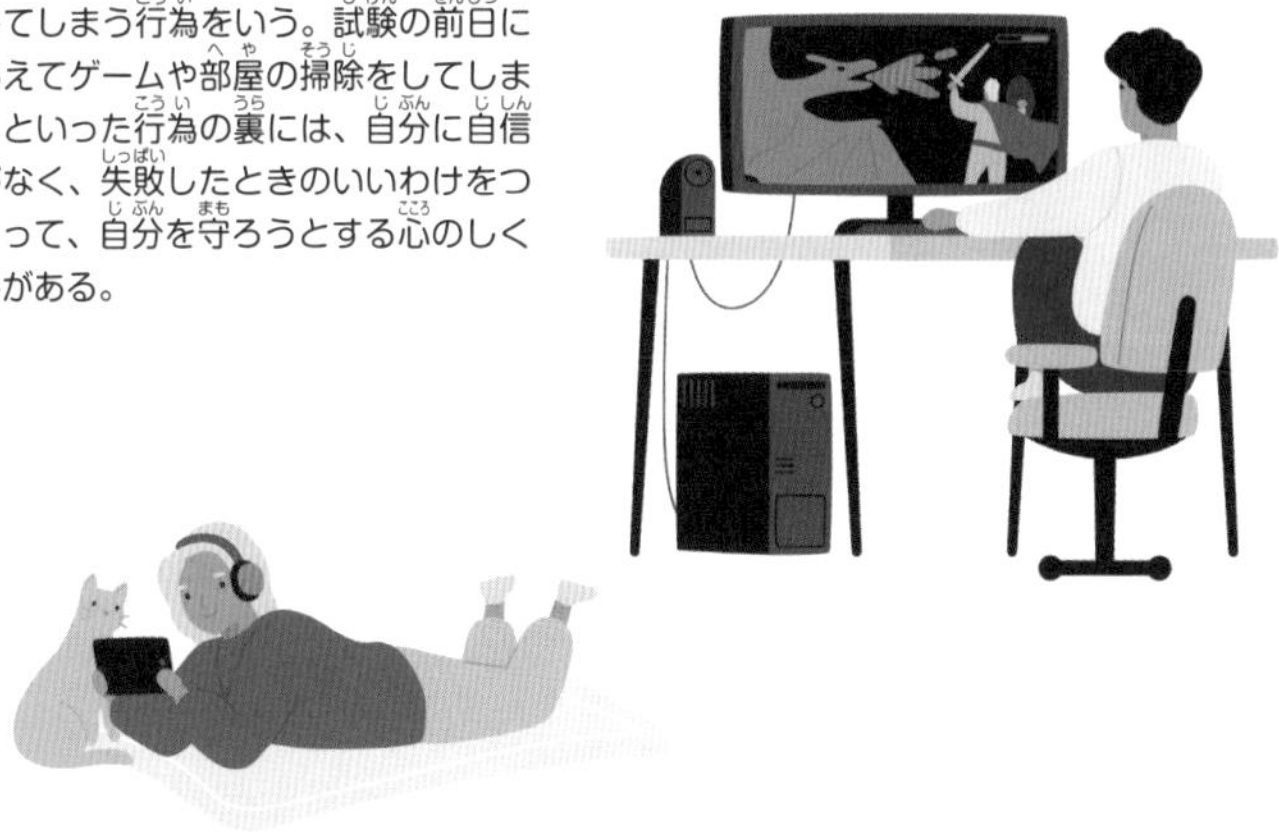

主張的《しゅちょうてき》セルフ・ハンディキャッピング

スポーツをするときに「今日《きょう》は調子《ちょうし》が悪《わる》くて」、テスト当日《とうじつ》に「全然勉強《ぜんぜんべんきょう》していない」と、友《とも》だちにわざわざいいたくならないだろうか。これは、失敗《しっぱい》したときに、周囲《しゅうい》の評価《ひょうか》を下《さ》げないようにする一方《いっぽう》、成功《せいこう》したときには、周囲《しゅうい》の評価《ひょうか》を高《たか》めることをねらった心《こころ》のはたらきである。

もっと知《し》りたい

セルフ・ハンディキャッピングをつづけると、向上心《こうじょうしん》や挑戦心《ちょうせんしん》が育《そだ》ちにくい。

やすみじかん

その占《うらな》いは本当《ほんとう》に当《あ》たっている？

みなさんは、血液型占《けつえきがたうらな》いは信《しん》じるほうですか？　科学《かがく》の視点《してん》からいえば……根拠《こんきょ》のないものです。でも、「A型《がた》の人《ひと》は几帳面《きちょうめん》」「O型《がた》の人《ひと》はおおらか」などといわれると、「当《あ》たっているかも」と思《おも》うことがありますよね。これには「確証《かくしょう》バイアス」が関係《かんけい》しています。

確証《かくしょう》バイアスとは、自分《じぶん》の考《かんが》えと一致《いっち》する情報《じょうほう》ばかりに注目《ちゅうもく》し、それ以外《いがい》の情報《じょうほう》を無視《むし》しやすい傾向《けいこう》のことです。たとえば「A型《がた》の人《ひと》は几帳面《きちょうめん》だ」と思《おも》いこんでいる人《ひと》は、A型《がた》の人《ひと》の几帳面《きちょうめん》な行動《こうどう》ばかりに注目《ちゅうもく》します。よく見《み》ると、A型《がた》の人《ひと》もおおざっぱな行動《こうどう》をたくさんしていたりするのですが、それは目《め》に入《はい》らないのです。そのため、「A型《がた》の人《ひと》はやっぱり几帳面《きちょうめん》だ」と思《おも》ってしまいます。日《ひ》ごろから、自分《じぶん》の判断《はんだん》が確証《かくしょう》バイアスの影響《えいきょう》を受《う》けていないか気《き》をつけたいですね。

確証《かくしょう》バイアスを調《しら》べる実験《じっけん》

参加者《さんかしゃ》は、初対面《しょたいめん》のAさんにインタビューをして、性格《せいかく》を判断《はんだん》するよういわれる。事前《じぜん》にAさんは「外向的《がいこうてき》な人《ひと》」と伝《つた》えられた参加者《さんかしゃ》と、「内向的《ないこうてき》な人《ひと》」と伝《つた》えられた参加者《さんかしゃ》がいる。

Aさんは「外向的《がいこうてき》」と伝《つた》えられた場合《ばあい》

この人《ひと》の性格《せいかく》を判断《はんだん》してください
(Aさんは外向的《がいこうてき》らしい…)
Aさん
参加者《さんかしゃ》

参加者《さんかしゃ》は、「どんな状況《じょうきょう》で口数《くちかず》が多《おお》くなるか」など、外向的《がいこうてき》であることを確《たし》かめるような質問《しつもん》を多《おお》くした。

Aさんは「内向的《ないこうてき》」と伝《つた》えられた場合《ばあい》

この人《ひと》の性格《せいかく》を判断《はんだん》してください
(Aさんは内向的《ないこうてき》らしい…)
Aさん
参加者《さんかしゃ》

参加者《さんかしゃ》は、「パーティで嫌《いや》だと思《おも》うことは何《なに》か」など、内向的《ないこうてき》であることを確《たし》かめるような質問《しつもん》を多《おお》くした。

Aさんは本当《ほんとう》はどんな性格《せいかく》なんだろうな?

【書誌情報】 Snyder, M. and Swann, W. B. Jr., Journal of Personality and Social Psychology, 1978, 36, 1202-1212.

03 つじつまが合《あ》わない考《かんが》えをもっと気《き》持《も》ちが悪《わる》い

風邪《かぜ》をひいて寝《ね》ていなくてはならないのに、ゲームなどをしてしまったことはありませんか？　その際《さい》、「寝《ね》てばかりいたらストレスでよけいに悪《わる》くなる」などといいわけをしたことは？

人《ひと》は、心《こころ》の中《なか》に矛盾《むじゅん》する考《かんが》えがあると、不安《ふあん》や緊張《きんちょう》を覚《おぼ》えます。この状態《じょうたい》を「認知的不協和《にんちてきふきょうわ》」といいます。先《さき》ほどの例《れい》でいえば、「寝《ね》ていなくてはならない」と「遊《あそ》びたい」という矛盾《むじゅん》する考《かんが》えをもった状態《じょうたい》は、気《き》持《も》ちのいいものではありません。だから、「体調《たいちょう》が悪《わる》くなるのを防《ふせ》ぐためにゲームをしている」と考《かんが》えをかえて、認知的不協和《にんちてきふきょうわ》を解消《かいしょう》しようとしているのです。

左《ひだり》ページは、20世紀《せいき》にアメリカの心《しん》理学者《りがくしゃ》フェスティンガーが行《おこな》った実験《じっけん》です。この実験《じっけん》の参加者《さんかしゃ》は、人《ひと》に「面《おも》白《しろ》かった」と伝《つた》えた事実《じじつ》を正当化《せいとうか》するために、本当《ほんとう》は退屈《たいくつ》だった作業《さぎょう》を心《こころ》の中《なか》で「面白《おもしろ》かった」ことにしてしまったそうです。

実験《じっけん》だよ～

つじつまをあわせるためにあとで考《かんが》えをかえる

参加者《さんかしゃ》は退屈《たいくつ》な作業《さぎょう》をさせられる。その後《ご》、報酬《ほうしゅう》（1ドルまたは20ドル）を渡《わた》されて、次《つぎ》の参加者《さんかしゃ》に「面白《おもしろ》い作業《さぎょう》だった」と伝《つた》えるように依頼《いらい》される。後日《ごじつ》、作業《さぎょう》をふりかえってもらうと、報酬額《ほうしゅうがく》が1ドルだった人《ひと》たちは「作業《さぎょう》は面白《おもしろ》かった」と評価《ひょうか》する傾向《けいこう》があった。一方《いっぽう》、報酬額《ほうしゅうがく》が20ドルだった人《ひと》たちは「つまらない作業《さぎょう》だった」と答《こた》えた。「お金《かね》のため」と自分《じぶん》を納得《なっとく》させられ、認知的不協和《にんちてきふきょうわ》がおきなかったためと考《かんが》えられる。

糸巻《いとま》きを移動《いどう》させるなどの退屈《たいくつ》な作業《さぎょう》を、合計《ごうけい》1時間行《じかんおこな》う。

報酬額《ほうしゅうがく》が1ドルのグループ

$1
作業《さぎょう》を終《お》えた参加者《さんかしゃ》
面白《おもしろ》い作業《さぎょう》だったよ
次《つぎ》の参加者《さんかしゃ》（サクラ）
※あらかじめ用意《ようい》しておいたしかけ人《にん》
後日《ごじつ》
$1
あのとき次《つぎ》の人《ひと》にいったとおり、作業《さぎょう》は面白《おもしろ》かったよ

報酬額《ほうしゅうがく》が20ドルのグループ

$20
作業《さぎょう》を終《お》えた参加者《さんかしゃ》
面白《おもしろ》い作業《さぎょう》だったよ
次《つぎ》の参加者《さんかしゃ》（サクラ）
後日《ごじつ》
$20
作業《さぎょう》はつまらなかったけど、お金《かね》のためにうそをついたんだ

もっと知《し》りたい

2024年《ねん》3月現在《がつげんざい》、1ドルは約《やく》150円《えん》、20ドルは約《やく》3000円《えん》（レートによって変動《へんどう》する）。

04 みんなで出《だ》した意見《いけん》は極端《きょくたん》になりがち

学校《がっこう》では、クラスのみんなで話《はな》し合《あ》って、何《なに》かを決《き》めることがありますね。そんなときに注意《ちゅうい》したいのが、「集団極性化《しゅうだんきょくせいか》」です。集団《しゅうだん》で意思決定《いしけってい》を行《おこな》うときは、1人《り》で意思決定《いしけってい》を行《おこな》うときより、極端《きょくたん》な結論《けつろん》になることが多《おお》いのです。

左《ひだり》ページの実験《じっけん》を見《み》てみましょう。「あなたの知《し》り合《あ》いが、むずかしい手《しゅ》術《じゅつ》を受《う》けようとしています。何《なん》%の成《せい》功率《こうりつ》なら手術《しゅじゅつ》を受《う》けるようすすめますか?」という質問《しつもん》に対《たい》し、グループで話《はな》し合《あ》ってもらいました。すると、グループの出《だ》した結論《けつろん》は、1人《り》ずつで判《はん》断《だん》した場合《ばあい》よりも、リスクの高《たか》いもの(低《ひく》い成功率《せいこうりつ》でも手術《しゅじゅつ》をすすめる)になっていました。こうした現象《げんしょう》を「リスキーシフト」といいます。

この実験《じっけん》では極端《きょくたん》にリスクの高《たか》い結《けつ》論《ろん》が導《みちび》き出《だ》されましたが、逆《ぎゃく》に、極端《きょくたん》に安全《あんぜん》で慎重《しんちょう》な結論《けつろん》が出《で》る「コーシャスシフト」がおきる場合《ばあい》もあります。

集団《しゅうだん》の意見《いけん》を尊重《そんちょう》しすぎると極端《きょくたん》な意見《いけん》にたどりつく

Q 失敗《しっぱい》すれば命《いのち》にかかわる危険《きけん》な手術《しゅじゅつ》を受《う》けるかどうか迷《まよ》っている人《ひと》に対《たい》して、手術《しゅじゅつ》の成功率《せいこうりつ》が何《なん》%なら受《う》けることをすすめるか？

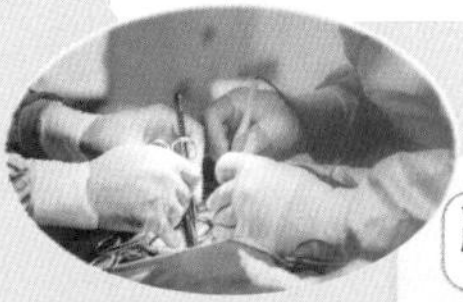

個人《こじん》の意見《いけん》は慎重《しんちょう》

質問《しつもん》に対《たい》して、1人《り》ずつ成功率《せいこうりつ》を回答《かいとう》した。個《こ》人《じん》の回答《かいとう》の平均《へいきん》は78%だった。

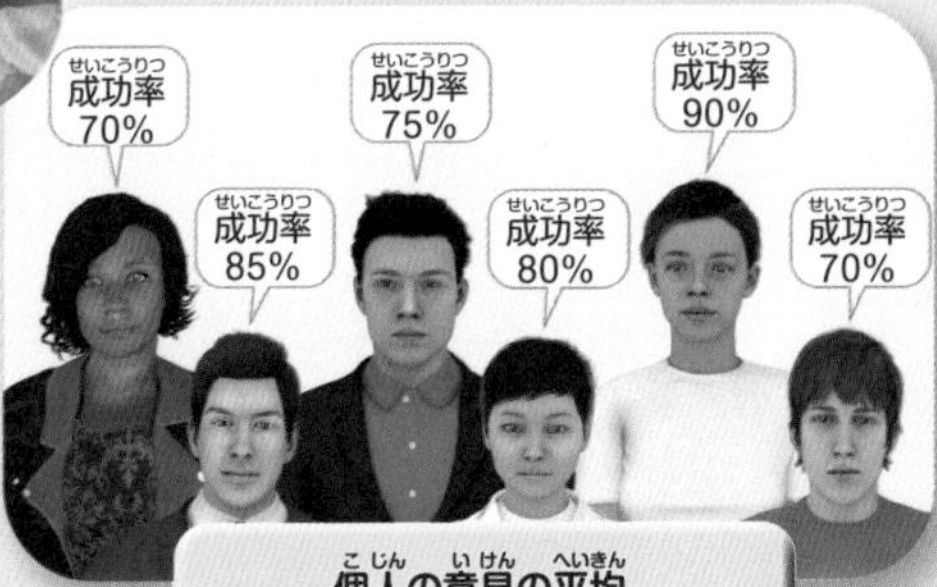

成功率《せいこうりつ》70%
成功率《せいこうりつ》85%
成功率《せいこうりつ》75%
成功率《せいこうりつ》80%
成功率《せいこうりつ》90%
成功率《せいこうりつ》70%

個人《こじん》の意見《いけん》の平均《へいきん》
成功率《せいこうりつ》78%

↓

集団《しゅうだん》の結論《けつろん》
成功率《せいこうりつ》70%

オレなら
すすめないかも
10回《かい》のうち
3回失敗《かいしっぱい》する
手術《しゅじゅつ》か…

成功率《せいこうりつ》70%

集団《しゅうだん》で議論《ぎろん》するとリスキーに変化《へんか》

6人《にん》で議論《ぎろん》してもらうと、1人《り》ずつで判断《はんだん》した場合《ばあい》の平均値《へいきんち》よりもリスキーな結論《けつろん》（より低《ひく》い成功率《せいこうりつ》でも、手術《しゅじゅつ》を受《う》けることをすすめる）が導《みちび》かれた。なお、集団《しゅうだん》で議論《ぎろん》したあとにあらためて1人《り》ずつに同《おな》じ質問《しつもん》をすると、それぞれ当《とう》初《しょ》よりもリスキーな回答《かいとう》に変《へん》化《か》した。

もっと知《し》りたい

「コーシャスシフト」のコーシャスは、「慎重《しんちょう》な」という意味《いみ》の英語《えいご》。

05 みんなとちがう意見《いけん》はなかなかいい出《だ》せない

友《とも》だちどうしで遊《あそ》んでいても、決《き》まった時間《じかん》になると、みんな自《し》然《ぜん》と自分《じぶん》の家《いえ》に帰《かえ》ろうとしますね。ふしぎなことに、集団《しゅうだん》の中《なか》には、その集団《しゅうだん》でしか通用《つうよう》しない「暗黙《あんもく》のルール」ができあがることがあります。

これは「同調《どうちょう》」とよばれる現象《げんしょう》です。まわりの人《ひと》たちの行動《こうどう》や考《かんが》えを良《よ》いものと受《う》け入《い》れて、まわりの人《ひと》たちと同《おな》じように自分《じぶん》の行《こう》

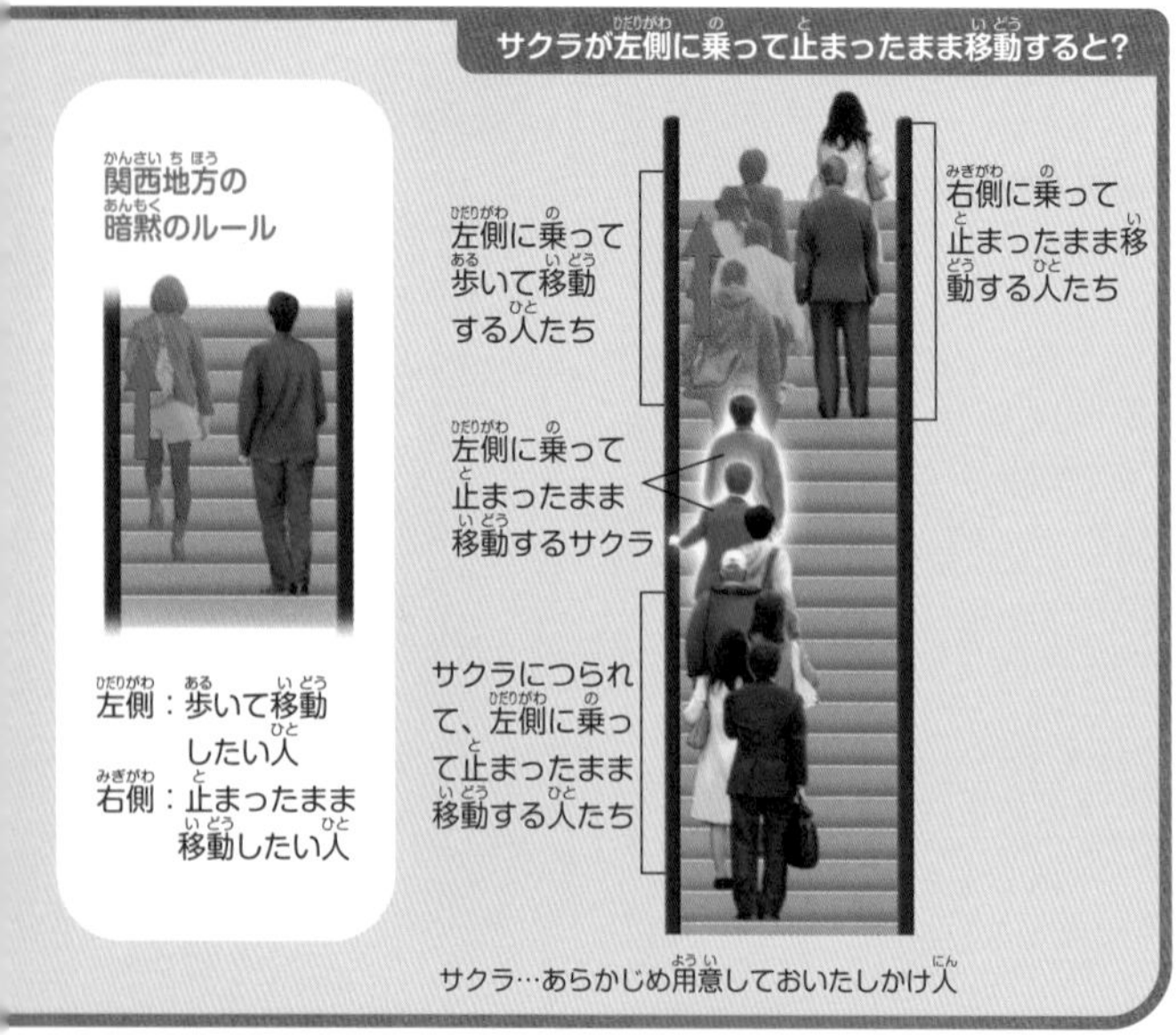
サクラが左側《ひだりがわ》に乗《の》って止《と》まったまま移動《いどう》すると？
関西地方《かんさいちほう》の暗黙《あんもく》のルール
左側《ひだりがわ》：歩《ある》いて移動《いどう》したい人《ひと》
右側《みぎがわ》：止《と》まったまま移動《いどう》したい人《ひと》
左側《ひだりがわ》に乗《の》って歩《ある》いて移動《いどう》する人《ひと》たち
右側《みぎがわ》に乗《の》って止《と》まったまま移《い》動《どう》する人《ひと》たち
左側《ひだりがわ》に乗《の》って止《と》まったまま移動《いどう》するサクラ
サクラにつられて、左側《ひだりがわ》に乗《の》って止《と》まったまま移動《いどう》する人《ひと》たち
サクラ…あらかじめ用意《ようい》しておいたしかけ人《にん》

動《どう》や考《かんが》えを合《あ》わせます。

　また、本当《ほんとう》は納得《なっとく》していなくても、集団《しゅうだん》の中《なか》で仲間《なかま》はずれにされないために、むりやり自分《じぶん》の行動《こうどう》や考《かんが》えをまわりに合《あ》わせる場合《ばあい》もあります。いわば、「同調圧力《どうちょうあつりょく》」がかかった状態《じょうたい》です。

　たとえば関東地方《かんとうちほう》では、エスカレーターに乗《の》るとき、止《と》まって移《い》動《どう》したい場合《ばあい》は左側《ひだりがわ》に乗《の》り、急《いそ》いでいる人《ひと》は右側《みぎがわ》を通《とお》ります。関西《かんさい》地方《ちほう》では、この逆《ぎゃく》です。これも、同調《どうちょう》による圧力《あつりょく》の一種《いっしゅ》です。

本当《ほんとう》はエスカレーターで歩《ある》いたら危《あぶ》ないよ

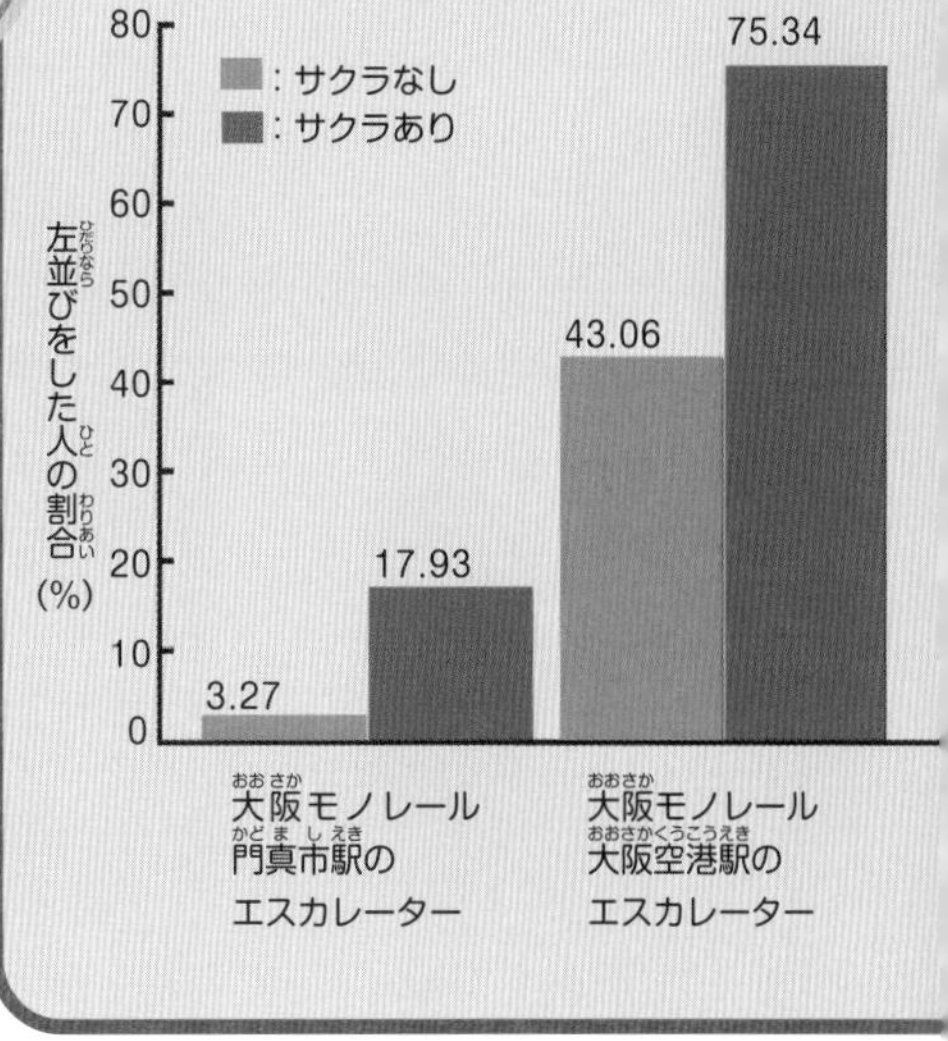

：サクラなし
：サクラあり
左並《ひだりなら》びをした人《ひと》の割合《わりあい》(%)
80
70
60
50
40
30
20
10
0
3.27
17.93
43.06
75.34
大阪《おおさか》モノレール門真市駅《かどましえき》のエスカレーター
大阪《おおさか》モノレール大阪空港駅《おおさかくうこうえき》のエスカレーター

関西地方《かんさいちほう》でエスカレーターに乗《の》るときは、歩《ある》いて移動《いどう》したい人《ひと》が左側《ひだりがわ》、止《と》まったまま移動《いどう》したい人《ひと》が右側《みぎがわ》という暗《あん》黙《もく》のルールがある。実験《じっけん》は、大阪《おおさか》のエスカレーターにサクラを乗《の》せて行《おこな》われた。サクラは、「止《と》まったまま移動《いどう》したい人《ひと》は右側《みぎがわ》に乗《の》る」という暗黙《あんもく》のルールに反《はん》して、左側《ひだりがわ》に乗《の》って止《と》まったまま移動《いどう》した。すると、サクラがいないときよりも、左側《ひだりがわ》に乗《の》って止《と》まったまま移動《いどう》する人《ひと》の割合《わりあい》が多《おお》くなった。

もっと知《し》りたい

同調《どうちょう》は、多数派《たすうは》の意見《いけん》によって自分《じぶん》の意見《いけん》が信《しん》じられなくなるときにも生《しょう》じやすい。

やすみじかん

「自粛《じしゅく》しろ！」はどんな心《こころ》のあらわれ？

2020年《ねん》から2022年《ねん》ごろにかけて、新型《しんがた》コロナウィルスの感染拡大《かんせんかくだい》を防《ふせ》ぐため、日本《にほん》では「外出《がいしゅつ》などを自粛《じしゅく》しましょう」ということになりました。そもそも「自粛《じしゅく》」には、必《かなら》ずしなければならないという意味《いみ》はありません。でも、自粛《じしゅく》していないように見《み》える人《ひと》や店《みせ》に対《たい》し、ときには乱暴《らんぼう》な手段《しゅだん》で自粛《じしゅく》をせまる一般市民《いっぱんしみん》、通称《つうしょう》「自粛警察《じしゅくけいさつ》」に注目《ちゅうもく》が集《あつ》まりました。

無観客《むかんきゃく》での配信《はいしん》ライブを行《おこな》っていた店《みせ》に、自粛《じしゅく》を要請《ようせい》するはり紙《がみ》がはられた。

4 マスク未着用《みちゃくよう》に対《たい》する過剰《かじょう》な批判《ひはん》

屋外《おくがい》でマスクを着用《ちゃくよう》していなかった女性《じょせい》に対《たい》し、男性《だんせい》がマスクを着用《ちゃくよう》するよう大声《おおごえ》でせまるという事件《じけん》がおきた。また、男性《だんせい》はそのようすをスマートフォンで撮影《さつえい》していた。

「自粛警察《じしゅくけいさつ》」が発生《はっせい》したさまざまな事例《じれい》

ほかの人《ひと》に、ときには過剰《かじょう》な手段《しゅだん》を用《もち》いて自粛《じしゅく》をせまる人々《ひとびと》を「自粛警察《じしゅくけいさつ》」とよぶ。ここでは、その事例《じれい》をイラスト化《か》した。

「感染拡大《かんせんかくだい》につながるような行為《こうい》はやめてほしい」と思《おも》うのは自然《しぜん》な気持《きも》ちです。でも、自粛警察《じしゅくけいさつ》の例《れい》としてあげられる行為《こうい》はどれも「やりすぎ」でした。なぜ、このような行為《こうい》が発生《はっせい》したのでしょうか？

これには、前《まえ》のページで紹介《しょうかい》した「同調《どうちょう》」が関係《かんけい》しています。集団《しゅうだん》の中《なか》で「同調《どうちょう》」していないように見《み》える人《ひと》を敵《てき》とみなし、攻撃《こうげき》したのではないかと考《かんが》えられています。

1 他県《たけん》ナンバーの車《くるま》へのいやがらせ

他県《たけん》ナンバーの車《くるま》に対《たい》するはり紙《がみ》やあおり運転《うんてん》、投石《とうせき》などの行為《こうい》が全国的《ぜんこくてき》に発生《はっせい》した。

2 公園《こうえん》で遊《あそ》んでいた子《こ》どもへの暴言《ぼうげん》

公園《こうえん》で子《こ》どもたちが遊《あそ》んでいたところ、通《とお》りかかった人《ひと》にどなられるという事件《じけん》があった。

3 営業《えいぎょう》している店舗《てんぽ》へのはり紙《がみ》や破壊行為《はかいこうい》

営業《えいぎょう》を行《おこな》っていたスポーツクラブのドアが破壊《はかい》された。このスポーツクラブは、翌日《よくじつ》から営業《えいぎょう》を休止《きゅうし》する予定《よてい》だった。

06 集団《しゅうだん》どうしの対立《たいりつ》をなくすにはどうすればいい？

目標《もくひょう》に向《む》かって、グループが団結《だんけつ》するのはいいことですね。でも、複数《ふくすう》の集団《しゅうだん》がある場合《ばあい》、とくに原因《げんいん》がなくても、ほかの集団《しゅうだん》に対《たい》して敵意《てきい》をもってしまうことがあります。

集団《しゅうだん》の間《あいだ》で争《あらそ》いが生《う》まれる理由《りゆう》はいくつかあります。1つは、集団《しゅうだん》の間《あいだ》でとぼしい資源《しげん》(賞品《しょうひん》など)をめぐって避《さ》けられない競争《きょうそう》が生《う》まれるというもの。もう1つは、強《つよ》い仲間意識《なかまいしき》によって自分《じぶん》の集団《しゅうだん》をひいきし、相手《あいて》の集団《しゅうだん》を否定《ひてい》したくなるために、争《あらそ》いが生《う》まれるというものです。

グループどうしが仲良《なかよ》くするためには、どうすればいいのでしょうか。実験《じっけん》では、争っていたグループに共通《きょうつう》の目的《もくてき》をもたせるとよいことがわかりました。立《た》ち往生《おうじょう》したトラックを一緒《いっしょ》にロープで引《ひ》っ張《ぱ》って助《たす》けるなど、協力《きょうりょく》して行《おこな》う作業《さぎょう》が成功《せいこう》していくたびに、集団《しゅうだん》の間《あいだ》の対立《たいりつ》がなくなり、たがいに仲良《なかよ》くなったということです。

グループどうしを仲良《なかよ》くさせるには？

アメリカでサマーキャンプに参加《さんか》していた11歳《さい》の男子《だんし》22名《めい》を対象《たいしょう》に行《おこな》われた実験《じっけん》。この実験《じっけん》が行《おこな》われる前《まえ》は、集団間《しゅうだんかん》の対立《たいりつ》を解消《かいしょう》させるには共通《きょうつう》の敵《てき》を用意《ようい》するのがよいとされていた。今《いま》では、それでは対立《たいりつ》そのものはなくならないと考《かんが》えられている。

1 自然《しぜん》とリーダーが生《う》まれる

子《こ》どもたちは2つのグループに分《わ》けられた。グループ内《ない》では、自然《しぜん》とリーダーシップをとる子《こ》があらわれ、その子《こ》を中心《ちゅうしん》に人間関係《にんげんかんけい》ができていった。

2 競争《きょうそう》によって対立《たいりつ》

2つのグループで、勝《か》ったほうのグループが賞品《しょうひん》を獲得《かくとく》できる綱引《つなひ》きや野球《やきゅう》などのゲームに取《と》り組《く》む。結果《けっか》、両集団《りょうしゅうだん》ははげしく対立《たいりつ》し、大《おお》ゲンカとなった。

3 協力《きょうりょく》する作業《さぎょう》で対立解消《たいりつかいしょう》へ

食料《しょくりょう》を買《か》いに行《い》くトラックが動《うご》かなくなるなど、2つのグループが協力《きょうりょく》しないと解決《かいけつ》できない状況《じょうきょう》をいくつかつくった。ともに作業《さぎょう》を行《おこな》うことで、グループどうしは仲良《なかよ》くなった。

もっと知《し》りたい

共同《きょうどう》作業《さぎょう》を行《おこな》っても、失敗《しっぱい》つづきでは集団《しゅうだん》どうしの関係《かんけい》はよくならないようだ。

07 リーダーの性質《せいしつ》には2つのタイプがある

「リーダー」は特別《とくべつ》な存在《そんざい》ですね。リーダーの役割《やくわり》は、集団《しゅうだん》を目標達成《もくひょうたっせい》に導《みちび》くことです。目標《もくひょう》とは、スポーツなら勝《か》つこと、クラスならみんなで何《なに》かを決《き》めること、家族《かぞく》ならみんなで安全《あんぜん》に楽《たの》しくすごすこと、などです。この役割《やくわり》を「リーダーシップ」といいます。

リーダーというと、優秀《ゆうしゅう》な人《ひと》がメンバーたちをぐいぐい引《ひ》っ張《ぱ》っていくイメージかもしれません。でも、どんなにリーダーが優秀《ゆうしゅう》でも、メンバーに受《う》け入《い》れられなければ意味《いみ》がありません。目標《もくひょう》の達成《たっせい》を急《いそ》ぐあまり、メンバーの気持《きも》ちがはなれてグループが崩壊《ほうかい》してしまうこともありますし、逆《ぎゃく》に、メンバーの気持《きも》ちを大切《たいせつ》にするあまり目標《もくひょう》が達成《たっせい》できないこともあります。

このように、リーダーはメンバーをまとめて「集団《しゅうだん》の維持《いじ》」をすることと、「目標《もくひょう》を達成《たっせい》すること」の、両方《りょうほう》のバランスをとることが大切《たいせつ》なのです。これを「PM理論《りろん》」といいます。

PM理論《りろん》

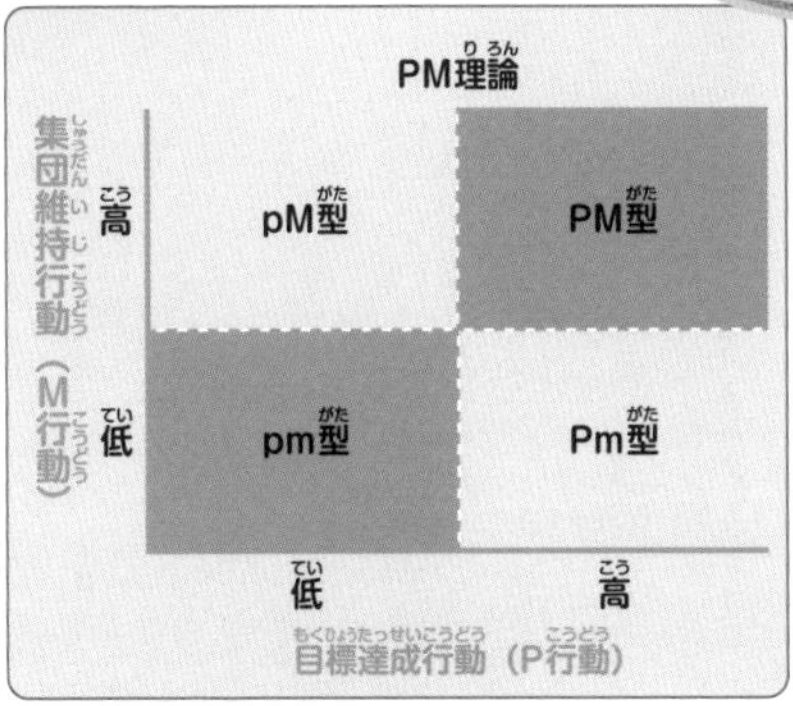

PM理論《りろん》とは、リーダーシップを、目標《もくひょう》を達成《たっせい》する「P行動《こうどう》」と、集団《しゅうだん》を維持《いじ》する「M行動《こうどう》」の2つからとらえる。そして、この2つの機能《きのう》をうながすのがリーダーの行動《こうどう》であるとしている。左《ひだり》の図《ず》では、たとえば「P行動《こうどう》は弱《よわ》いがM行動《こうどう》は強《つよ》い」場合《ばあい》は「pM型《かた》」のリーダーシップということになる。

P行動《こうどう》（パフォーマンス）

目標達成行動《もくひょうたっせいこうどう》

目標達成《もくひょうたっせい》に向《む》けた、リーダーによるメンバーへのはたらきかけ。

M行動《こうどう》（メンテナンス）

集団維持行動《しゅうだんいじこうどう》

集団《しゅうだん》の維持《いじ》やメンバーの人間関係《にんげんかんけい》などに配慮《はいりょ》した行動《こうどう》。

リーダーは2タイプある

リーダーというと、スポーツチームのキャプテンのように、すでにある集団《しゅうだん》を統率《とうそつ》する人物《じんぶつ》を想像《そうぞう》しますね。リーダーにはもう1つのタイプがあり、人々《ひとびと》をひきいるうちに集団《しゅうだん》ができたり、集団《しゅうだん》に大《おお》きな変革《へんかく》をもたらすような人物《じんぶつ》をさす場合《ばあい》もあります。この場合《ばあい》のリーダーシップを「カリスマ的《てき》リーダーシップ」「変革型《へんかくがた》リーダーシップ」とよびます。

もっと知《し》りたい

PM理論《りろん》は、20世紀《せいき》に活躍《かつやく》した日本《にほん》の社会心理学者《しゃかいしんりがくしゃ》である三隅二不二《みすみじゅうじ》が提唱《ていしょう》した。

08 誰《だれ》かに見《み》られているとパフォーマンスが上《あ》がる

1人《り》だとなかなか勉強《べんきょう》がはかどらないけど、教室《きょうしつ》や塾《じゅく》でほかにも勉強《べんきょう》している人《ひと》がいるとはかどった、ということはありませんか。課題《かだい》や作業《さぎょう》を行《おこな》うとき、誰《だれ》かがそばにいることで成績《せいせき》が高《たか》まる現象《げんしょう》を「社会的促進《しゃかいてきそくしん》」といいます。

とくに、「誰《だれ》かに見《み》られること」による効果《こうか》は「観客効果《かんきゃくこうか》」とよばれます。また、同《おな》じ作業《さぎょう》や課題《かだい》を行《おこな》うことで成績《せいせき》が上《あ》がることを

観客効果《かんきゃくこうか》

だれかに見《み》てもらえているという「観客効果《かんきゃくこうか》」は、行動《こうどう》や作業《さぎょう》が高《たか》まる。一方《いっぽう》、観客効果《かんきゃくこうか》が成績《せいせき》や効率《こうりつ》を下《さ》げてしまうこともある。周囲《しゅうい》の期待《きたい》が大《おお》きすぎたり、本人《ほんにん》が練習不足《れんしゅうぶそく》で不安《ふあん》をもっていたりする場合《ばあい》もあるが、「評価懸念《ひょうかけねん》」もあるという。評価懸念《ひょうかけねん》とは、他人《たにん》から否定的《ひていてき》に評価《ひょうか》されているのではないかと、評価《ひょうか》を予測《よそく》して心配《しんぱい》してしまう概念《がいねん》のことである。

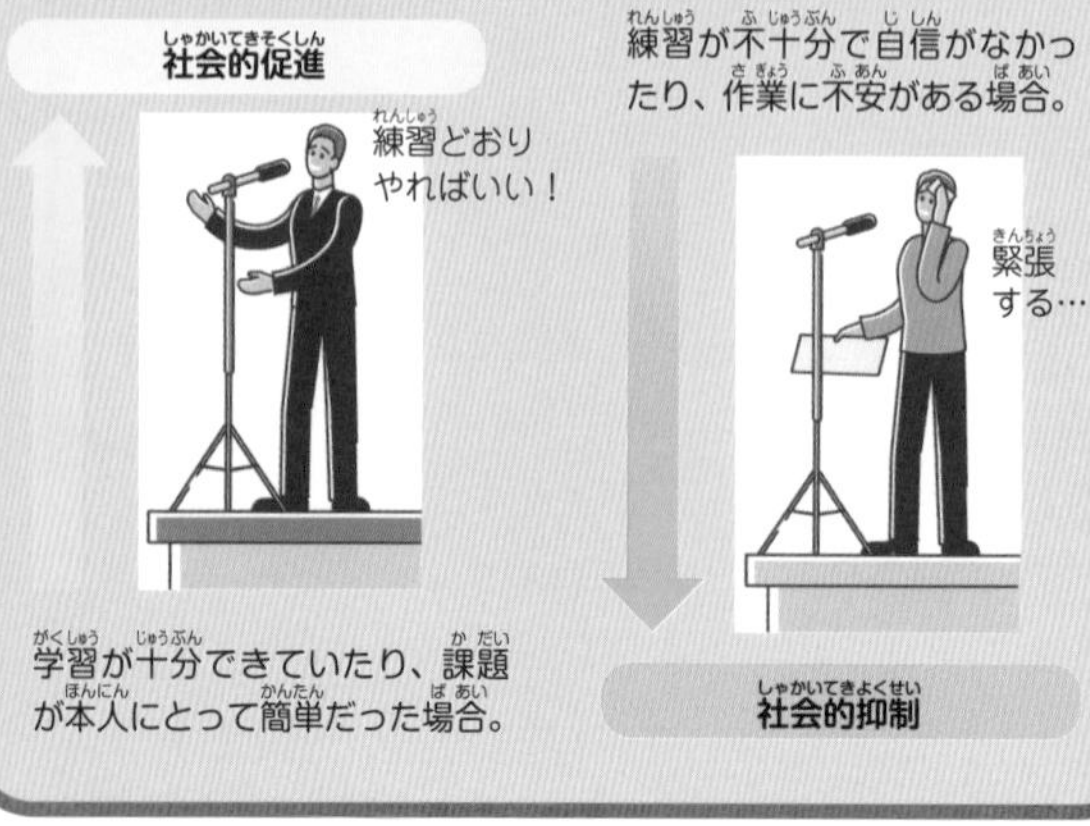
社会的促進《しゃかいてきそくしん》
練習《れんしゅう》どおり
やればいい！
練習《れんしゅう》が不十分《ふじゅうぶん》で自信《じしん》がなかったり、作業《さぎょう》に不安《ふあん》がある場合《ばあい》。
緊張《きんちょう》
する…
学習《がくしゅう》が十分《じゅうぶん》できていたり、課題《かだい》が本人《ほんにん》にとって簡単《かんたん》だった場合《ばあい》。
社会的抑制《しゃかいてきよくせい》

「共行為効果《きょうこういこうか》（共行動効果《きょうこうどうこうか》）」といいます。この2つにより、社会的《しゃかいてき》促進《そくしん》がおきるといわれています。

ただし、観客効果《かんきゃくこうか》は逆《ぎゃく》に作用《さよう》する場合《ばあい》があります。たとえば周囲《しゅうい》の期待《きたい》が大《おお》きすぎたり、作業《さぎょう》を厳《きび》しく監視《かんし》されたりしている場合《ばあい》です。これを「社会的抑制《しゃかいてきよくせい》（社会的《しゃかいてき》制止《せいし》）」といいます。「見《み》られている」のは同《おな》じですが、本人《ほんにん》に課題《かだい》や作業《さぎょう》をやりとげる自信《じしん》がある場《ば》合《あい》は成績《せいせき》が上《あ》がり、練習不足《れんしゅうぶそく》だったり不安《ふあん》があったりする場合《ばあい》はかえって失敗《しっぱい》しやすくなるのです。

自転車競技《じてんしゃきょうぎ》の社会的促進《しゃかいてきそくしん》

ぼくも見《み》られていたほうががんばれるタイプ！
燃《も》えてきた～！

自転車競技《じてんしゃきょうぎ》で、時間《じかん》を測《はか》りながら1人《り》で走《はし》る場合《ばあい》と、ほかの人《ひと》と一緒《いっしょ》に走《はし》る場合《ばあい》では、ほかの人《ひと》と一緒《いっしょ》のほうが20%もタイムが早《はや》くなったという。

もっと知《し》りたい

社会的促進《しゃかいてきそくしん》を実験《じっけん》で証明《しょうめい》したのは、82ページで紹介《しょうかい》した心理学者《しんりがくしゃ》オルポート。

09 たくさん人《ひと》がいると見《み》て見《み》ぬふりをしてしまう

みなさんは、困《こま》っている人《ひと》を見《み》かけたときに声《こえ》をかけられますか？ 実《じつ》は、まわりにたくさん人《ひと》がいると、人《ひと》は誰《だれ》かの手助《てだす》けをしなくなってしまうことが多《おお》いのです。これを「傍観者効果《ぼうかんしゃこうか》」といいます。

傍観者効果《ぼうかんしゃこうか》が注目《ちゅうもく》されるようになったのは1964年《ねん》にアメリカでおきた、ある悲《かな》しい事件《じけん》がきっかけでした。1人《り》の女性《じょせい》が悪《わる》い人《ひと》

1人《り》でいるとき
約84%
すぐに助《たす》けに行《い》く人《ひと》の割合《わりあい》

「きっとだれかが助《たす》けてくれる」

アメリカの心理学者《しんりがくしゃ》ラタネらの実験《じっけん》。グループで討論《とうろん》を行《おこな》わせ、議論《ぎろん》の最中《さいちゅう》に、参加者《さんかしゃ》の1人《り》であるサクラ（実験《じっけん》の協力者《きょうりょくしゃ》）に発作《ほっさ》がおきた演技《えんぎ》をさせた。対象者《たいしょうしゃ》とサクラが2人《り》きりだった場合《ばあい》は、発作《ほっさ》がおきた直後《ちょくご》に84%の対象者《たいしょうしゃ》が助《たす》けようとした。一方《いっぽう》、6人《にん》で議論《ぎろん》を行《おこな》っていた対象者《たいしょうしゃ》のうち、発作《ほっさ》がおきた直後《ちょくご》に助《たす》けようとしたのは31%程度《ていど》にすぎなかった。

に襲《おそ》われて亡《な》くなってしまったのですが、事件《じけん》がおきた時間《じかん》に、なんと38人《にん》もの人《ひと》が女性《じょせい》の叫《さけ》び声《ごえ》や物音《ものおと》を聞《き》いていました。それなのに、誰《だれ》も女性《じょせい》を助《たす》けに行《い》ったり、警察《けいさつ》に電話《でんわ》したりしなかったのです。

まわりに人《ひと》がいればいるほど、傍観者効果《ぼうかんしゃこうか》は生《しょう》じやすくなるといわれています。これは、1人《り》1人《り》の責任《せきにん》が分散《ぶんさん》したように感《かん》じられ、「誰《だれ》かが助《たす》けるだろう」と考《かんが》えてしまうことが原因《げんいん》なのではないかとされています。

複数人《ふくすうにん》でいるとき
発作《ほっさ》が起《お》きて倒《たお》れた人《ひと》
（サクラ）
約31%
すぐに助《たす》けに
行《い》く人《ひと》の割合《わりあい》

もっと知《し》りたい

困《こま》ったときは、「誰《だれ》か」ではなく、「そこの人《ひと》」と指名《しめい》して助《たす》けてもらうとよい。

やすみじかん

悲《かな》しいニュースを見《み》ると なぜつらくなる？

災害《さいがい》、戦争《せんそう》、ショックな事件《じけん》など、悲《かな》しいニュースは見《み》ているだけでも落《お》ちこんでしまうものです。ほかの人《ひと》が苦《くる》しんだり悲《かな》しんだりするようすを見《み》るだけで、自分《じぶん》もつらくなってしまうことを「共感疲労《きょうかんひろう》」といいます。

人《ひと》は、ほかの人《ひと》の感情《かんじょう》を自分《じぶん》のことのように感《かん》じる共感《きょうかん》の力《ちから》をもっています。その力《ちから》は、うまく使《つか》えばほかの人《ひと》の心《こころ》を支《ささ》えることができます。しかし、ニュースの中《なか》の人《ひと》など、すぐに手《て》をさしのべられない場合《ばあい》も多《おお》くあります。そういうときは、まずは自分自身《じぶんじしん》の心《こころ》の健康《けんこう》を保《たも》つことを優先《ゆうせん》しましょう。

あなたの心《こころ》が
いちばん大事《だいじ》だよ

共感《きょうかん》疲労《ひろう》をさけるためには、ニュースを見《み》すぎないことが重要《じゅうよう》だといいます。災害時《さいがいじ》など、どうしても見《み》なければいけない場合《ばあい》は、見《み》る番組《ばんぐみ》を1つにする、ラジオだけにするなど、情報《じょうほう》をしぼるとよいでしょう。

ニュースを見《み》て落《お》ちこんでしまうときは、テレビやスマホなどを遠《とお》ざけるのも1つの手《て》。

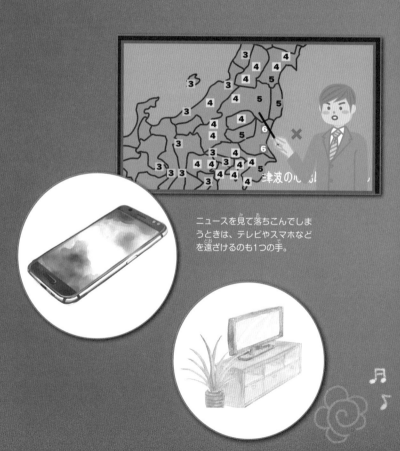

10 「人《ひと》は見《み》た目《め》がすべて」は心理学《しんりがく》では正《ただ》しい

人《ひと》を見《み》た目《め》で判断《はんだん》してはいけない、とよくいわれますね。これは、そもそも私《わたし》たちが人《ひと》を外見《がいけん》で判断《はんだん》しがちだからこそいわれる言葉《ことば》です。

たとえば、なんとなく服《ふく》をピシッと着《き》こなした人《ひと》は、「しっかりしていて信頼《しんらい》できる人《ひと》」のように見《み》えます。でもよく考《かんが》えれば、服装《ふくそう》と信頼《しんらい》できるかどうかはまったく別《べつ》の問題《もんだい》です。このように、ある点《てん》が優《すぐ》れていると、本来《ほんらい》は直接関係《ちょくせつかんけい》ないはずの別《べつ》の点《てん》まで高《たか》く評価《ひょうか》してしまうことがあります。これを「ハロー効果《こうか》」といいます。

逆《ぎゃく》に、服装《ふくそう》がだらしない人《ひと》は、「この人《ひと》は信頼《しんらい》しても大丈夫《だいじょうぶ》だろうか」という印象《いんしょう》になります。このように、何《なに》かよくない特徴《とくちょう》があると、別《べつ》のところまで低《ひく》く評価《ひょうか》されてしまうことがあります。これを「ホーン効果《こうか》」といいます。よく「身《み》だしなみをきちんとしなさい」といわれるのは、そうしないと人間関係《にんげんかんけい》で損《そん》をするからなのです。

ハロー
ホーン

ハローとホーン

ハロー（halo）とは絵画《かいが》にえがかれた神仏《しんぶつ》や聖人《せいじん》の背《はい》後《ご》にある光《ひかり》のことをいう。右《みぎ》の悪魔《あくま》のひたいにあるのが角《つの》、つまりホーン（horn）である。

見《み》た目《め》がよいと、中身《なかみ》もすぐれていると思《おも》いこんでしまう

仕事《しごと》の内容《ないよう》にもよるが、外見《がいけん》と仕事《しごと》の能力《のうりょく》には直接的《ちょくせつてき》な関係《かんけい》はないはずだ。しかし、身《み》なりがきちんとしていると信用《しんよう》を得《え》やすかったりする（ハロー効果《こうか》）。逆《ぎゃく》に服装《ふくそう》や態度《たいど》がだらしない人《ひと》は、仕事《しごと》もできないだろうと思《おも》われがちだ（ホーン効果《こうか》）。外見《がいけん》に惑《まど》わされてその人《ひと》を評価《ひょうか》してしまうことは、少《すく》なくない。

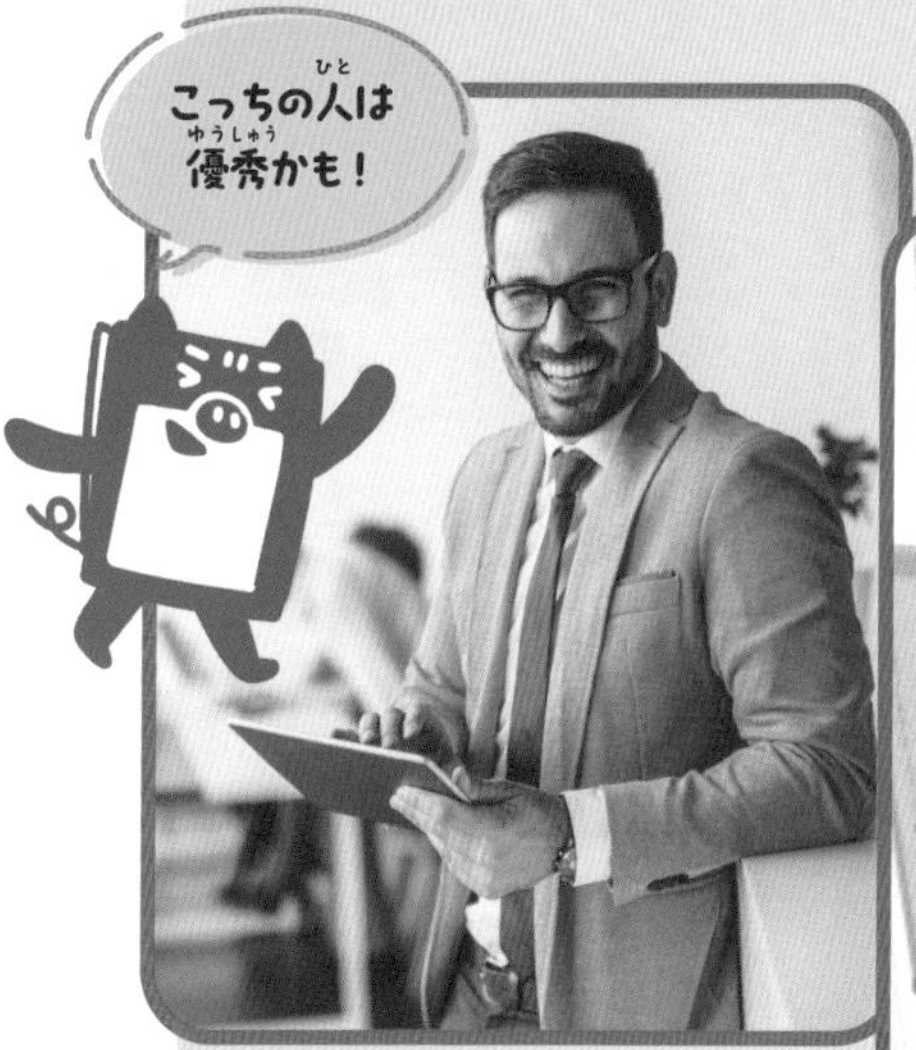
こっちの人《ひと》は
優秀《ゆうしゅう》かも！

こっちのヤツは
たよりなさそう
だな

もっと知《し》りたい

ハロー効果《こうか》は、人《ひと》だけでなく商品《しょうひん》など「もの」にもおこる。

11 「寒《さむ》い所《ところ》で生《う》まれた人《ひと》は寒《さむ》さに強《つよ》い」という思《おも》いこみ

寒《さむ》い地域《ちいき》や寒《さむ》い国出身《くにしゅっしん》の人《ひと》は寒《さむ》さに強《つよ》い。そんな印象《いんしょう》はありませんか？でも実際《じっさい》には、寒《さむ》いところ出身《しゅっしん》でも寒《さむ》いのが苦手《にがて》な人《ひと》もいますよね。

私《わたし》たちは、たとえば「日本人《にっぽんじん》」「学生《がくせい》」「男《おとこ》」「10代《だい》」「関東出身《かんとうしゅっしん》」など、さまざまなカテゴリーに属《ぞく》しています。そして、同《おな》じカテゴリーに属《ぞく》する人《ひと》たちは、共通《きょうつう》の特徴《とくちょう》をもっているものだと信《しん》じこんでいます。これを「ステレオタイプ」といいます。

先《さき》ほどの例《れい》でいえば、「寒《さむ》いところ出身《しゅっしん》の人《ひと》は寒《さむ》さに強《つよ》い」はステレオタイプで、全《すべ》ての場合《ばあい》に当《あ》てはまるわけではありません。でも、実際《じっさい》に「寒《さむ》いところ出身《しゅっしん》」の「寒《さむ》さに強《つよ》い」人《ひと》がいた場合《ばあい》は、「やっぱり」とそこに目《め》が向《む》いてしまいます。一方《いっぽう》で、「寒《さむ》いところ出身《しゅっしん》」で「寒《さむ》さが苦手《にがて》」な人《ひと》に会《あ》えば、「かわった人《ひと》だな」でおわってしまいます。こうして、ますますステレオタイプが強《つよ》くなっていくのです。

ステレオタイプに気《き》をつけよう

眼鏡《めがね》をかけた子《こ》は頭《あたま》がよさそう、髪《かみ》が短《みじか》い子《こ》はスポーツができそう……そう思《おも》ったのであれば、それはステレオタイプである。実際《じっさい》は、その子《こ》のことをきちんと知《し》らないとわからない。

寒《さむ》いところ出身《しゅっしん》の人《ひと》は寒《さむ》さに強《つよ》い？

たとえば冬《ふゆ》に雪《ゆき》がたくさん降《ふ》るような地域《ちいき》から来《き》た人《ひと》は、寒《さむ》さに強《つよ》いと思《おも》われがちだ。しかし、実際《じっさい》は「出身地《しゅっしんち》」と「寒《さむ》さに強《つよ》いかどうか」は関係《かんけい》ない。

もっと知《し》りたい

ステレオタイプの「ステレオ」は、印刷《いんさつ》に用《もち》いる金属《きんぞく》の版《はん》を指《さ》す。

12

人《ひと》は怒《いか》りや恐怖《きょうふ》をぶつける"いけにえ"をつくりやすい

事故《じこ》や事件《じけん》のニュースを見《み》て、「なぜ防《ふせ》げなかったのか」「誰《だれ》のせいなのか」と、関係者《かんけいしゃ》に強《つよ》い怒《いか》りを覚《おぼ》えることはありませんか。人《ひと》は、「誰《だれ》か」に怒《いか》りを向《む》けることで、不安《ふあん》な気持《きも》ちをしずめようとすることがあります。

「その事故《じこ》や事件《じけん》がもし自分《じぶん》や身内《みうち》におきたら」という不安《ふあん》を紛《まぎ》らわせるために、会《あ》ったこともない「誰《だれ》か」を責《せ》めているのです。この怒《いか》りの対象《たいしょう》となる人《ひと》を「スケープゴート」といいます。

スケープゴートは、もとはいけにえのヤギを指《さ》す言葉《ことば》です。それが、他人《たにん》の罪《つみ》や責任《せきにん》を背負《せお》わされた立場《たちば》の弱《よわ》い人《ひと》をあらわすようになりました。

スケープゴートとなった人《ひと》は、ひどい誹謗中傷《ひぼうちゅうしょう》を受《う》けるなど、深刻《しんこく》な被害《ひがい》をこうむることがあります。もちろん、そのようなことをしても、事故《じこ》や事件《じけん》はなかったことになりません。誰《だれ》かに怒《いか》りを向《む》ける前《まえ》に、落《お》ち着《つ》いて自《じ》分《ぶん》の不安《ふあん》と向《む》き合《あ》うことが大切《たいせつ》です。

スケープゴートの実験《じっけん》

アメリカの心理学者《しんりがくしゃ》ペダーセンが2000年《ねん》に発表《はっぴょう》した実験《じっけん》。参加者《さんかしゃ》には2つの問題《もんだい》を解《と》いてもらう。1つ目《め》の問題《もんだい》でイライラするようにしむけられた参加者《さんかしゃ》は、2つ目《め》の問題《もんだい》を読《よ》みまちがえたアシスタントの仕事《しごと》を、より低《ひく》く評価《ひょうか》する傾向《けいこう》にあった。これは、アシスタントを「スケープゴート」にしたためと考《かんが》えられている。

1

「怒《いか》りあり」の条件《じょうけん》の学生《がくせい》は、耳《みみ》ざわりな音楽《おんがく》を聴《き》きながらむずかしい課題《かだい》を解《と》き、試験後《しけんご》には試験監督《しけんかんとく》から侮辱《ぶじょく》を受けた。

「怒《いか》りなし」の条件《じょうけん》の学生《がくせい》は、おだやかな音楽《おんがく》を聴《き》きながら簡単《かんたん》な課題《かだい》を解《と》き、試験後《しけんご》に試験監督《しけんかんとく》から侮辱《ぶじょく》は受《う》けなかった。

2

「触発《しょくはつ》あり」の条件《じょうけん》の学生《がくせい》に対《たい》してはアシスタントが問題文《もんだいぶん》を聞《き》き取《と》りにくい早口《はやくち》で読《よ》み上《あ》げたうえ、問題番号《もんだいばんごう》などを読《よ》みまちがえた。

「触発《しょくはつ》なし」の条件《じょうけん》の学生《がくせい》に対《たい》しては、アシスタントが問題文《もんだいぶん》をゆっくりと読《よ》み上《あ》げ、読《よ》みまちがいはなかった。

3

アシスタントの仕事《しごと》ぶりについて評価《ひょうか》した。

4

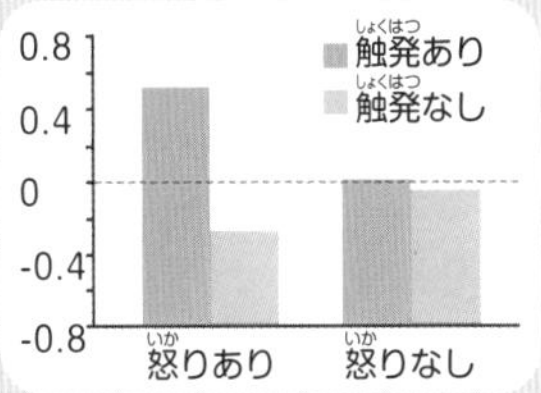

「怒《いか》りあり・触発《しょくはつ》あり」の学生《がくせい》はアシスタントの仕事《しごと》に対《たい》して不満《ふまん》が高《たか》かった。

もっと知《し》りたい

SNSの「炎上《えんじょう》」も、スケープゴート現象《げんしょう》が関係《かんけい》していることがある。

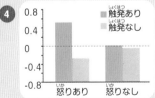

やすみじかん

タイプ分《わ》けに感情《かんじょう》が加《くわ》わると偏見《へんけん》になる

116ページで紹介《しょうかい》したステレオタイプは、ものごとを効率《こうりつ》よく認識《にんしき》するためにかかせないため、それ自体《じたい》は悪《わる》いものではありません。

でも、このステレオタイプに「きらい」「不《ふ》安《あん》」「敵意《てきい》」といった感情《かんじょう》が加《くわ》わると「偏見《へんけん》」になります。さらに、「仲間《なかま》はずれにしてやろう」という行動《こうどう》がともなうと「差別《さべつ》」になります。

たとえ生《う》まれ育《そだ》った国《くに》が同《おな》じでも、1人《ひとり》1人《ひとり》はちがう。そして、生《う》まれ育《そだ》った国《くに》がちがっても、考《かんが》えかたが似《に》ていて友達《ともだち》になれることもある。

4 じかんめ

心《しん》理《り》学《がく》にできること

「心《こころ》」は複雑《ふくざつ》で、問題《もんだい》を抱《かか》えやすいもの。だから、なかには深刻《しんこく》な心《こころ》の病気《びょうき》をわずらってしまう人《ひと》もいます。ここでは、心《こころ》に病気《びょうき》や問題《もんだい》をかかえた人《ひと》をサポートする「臨床心理学《りんしょうしんりがく》」の話《はなし》を中心《ちゅうしん》にみていきます。

01

考《かんが》えかたのクセをかえることで心《こころ》を楽《らく》にできる

誰《だれ》にでも悩《なや》んだり、落《お》ちこんだりすることはありますね。でも、そういった感情《かんじょう》が深刻《しんこく》になりすぎると、あたりまえの生活《せいかつ》を送《おく》ることがむずかしくなってしまうことがあり、カウンセラーなどの専門家《せんもんか》による支援《しえん》が必要《ひつよう》になります。心《こころ》の支援《しえん》の方法《ほうほう》の中《なか》に、「行動《こうどう》療法《りょうほう》」と「認知療法《にんちりょうほう》」があります。

たとえば、犬恐怖症《いぬきょうふしょう》の人《ひと》がいたとします。行動療法《こうどうりょうほう》では、犬《いぬ》をイメージしてもらいます。最初《さいしょ》は「犬《いぬ》の毛先《けさき》にさわる」など、本人《ほんにん》にとってあまり怖《こわ》くないイメージからはじめ、だんだん「なでる」「だっこする」などレベルを上《あ》げていき、不安《ふあん》や恐怖《きょうふ》に少《すこ》しずつ慣《な》れていきます。この例《れい》のように、犬《いぬ》への恐怖《きょうふ》を少《すこ》しずつ減《へ》らす方法《ほうほう》が「行動療法《こうどうりょうほう》」です。

「認知療法《にんちりょうほう》」は、左《ひだり》ページのように、考《かんが》えかたのクセをかえる方法《ほうほう》です。

行動療法《こうどうりょうほう》と認知療法《にんちりょうほう》は、合《あ》わせて「認知行動療法《にんちこうどうりょうほう》」ともよばれます。

認知療法《にんちりょうほう》の例《れい》

認知療法《にんちりょうほう》は、簡単《かんたん》にいうと「考《かんが》え方《かた》のクセを変《か》える」ための技法《ぎほう》である。たとえば上司《じょうし》にほめられたとしても、うつ病《びょう》の人《ひと》は「完璧《かんぺき》でなければ意味《いみ》がない」「自分《じぶん》はほめられるに値《あたい》しない」などと考《かんが》え、より落《お》ちこんでしまうことがある。認知療法《にんちりょうほう》では、面接《めんせつ》の中《なか》で話《はな》し合《あ》うことによって、こうした考《かんが》え方《かた》のクセに自分《じぶん》で気《き》づけるように支援《しえん》していく。

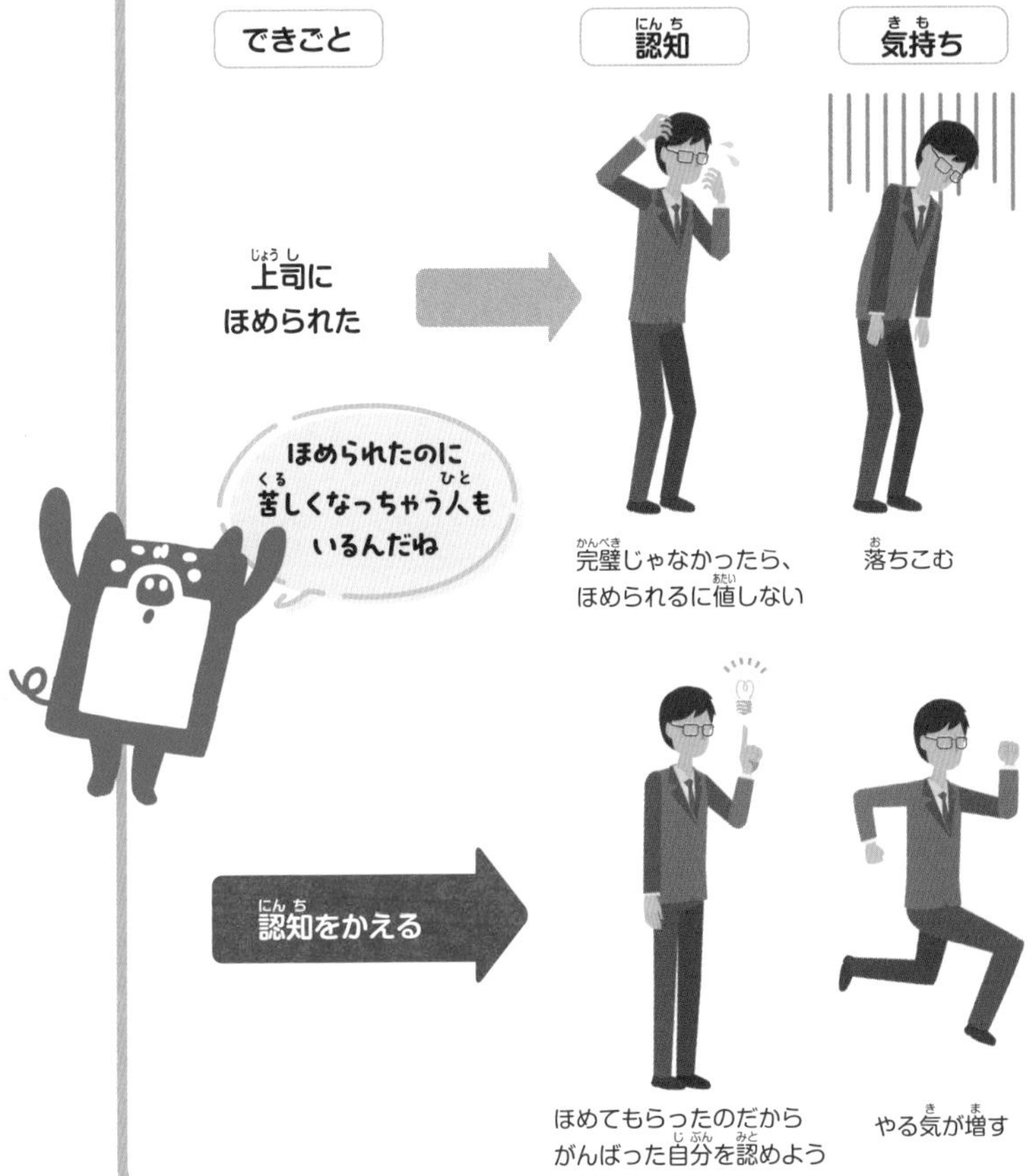

できごと
認知《にんち》
気持《きも》ち
上司《じょうし》に
ほめられた
完璧《かんぺき》じゃなかったら、
ほめられるに値《あたい》しない
落《お》ちこむ
ほめられたのに
苦《くる》しくなっちゃう人《ひと》も
いるんだね
認知《にんち》をかえる
ほめてもらったのだから
がんばった自分《じぶん》を認《みと》めよう
やる気《き》が増《ま》す

もっと知りたい

精神医学《せいしんいがく》も心《こころ》の病《やまい》を扱《あつか》うが、薬《くすり》を使《つか》うなど医学的《いがくてき》な治療方法《ちりょうほうほう》が中心《ちゅうしん》となる。

02 みずからを苦《くる》しめる考《かんが》えかたのクセのパターンを知《し》ろう

ここでは、前《まえ》のページで紹介《しょうかい》した「認知療法《にんちりょうほう》」を行《おこな》ううえで知《し》っておきたい「認知《にんち》のゆがみ」、つまり考《かんが》え方《かた》のクセについて紹介《しょうかい》します。私《わたし》たちは、脳《のう》に伝《つた》わる情報《じょうほう》をもとに、物事《ものごと》を判断《はんだん》しています。このとき、判断《はんだん》のしかたにかたより（クセ）があると、ストレスになることがあります。

たとえば、ゲームを自慢《じまん》してくる子《こ》がいたら、「イヤなやつだ」

「すべき」思考《しこう》

「〜するべき」「〜でなければならない」というルールにしばられてしまう。

感情的《かんじょうてき》決《き》めつけ

自分《じぶん》の気持《きも》ちを根拠《こんきょ》にして、相《あい》手《て》の気《き》持《も》ちを決めつけてしまう。

拡大解釈《かくだいかいしゃく》と過小評価《かしょうひょうか》

よくないできごとを大《おお》きく受《う》け止《と》め、よいことを小《ちい》さく受《う》け止《と》めてしまう。

個人化《こじんか》

自分《じぶん》には責任《せきにん》のないことまで「自分《じぶん》のせいだ」と思《おも》いこんでしまう。

あの時
こうしていれば
何もうまく
いかない

「ずるい」と思《おも》いますよね。
ただし、その子《こ》はゲームを買《か》ってもらうためにすごく努力《どりょく》したのかもしれません。また、自慢《じまん》しているのではなく、あなたと仲良《なかよ》く話《はな》したいだけとも考《かんが》えられます。この場合《ばあい》、あなたには「人《ひと》のいうことをすぐに自慢《じまん》だと思《おも》ってしまう」という考《かんが》えかたのクセがあるのかもしれません。
このようにさまざまな角度《かくど》から考《かんが》え、自分《じぶん》のクセを認《みと》めることで、心《こころ》が楽《らく》になることもあります。

思《おも》い当《あ》たったら注意《ちゅうい》だぜ

認知《にんち》のゆがみの10パターン

白黒思考《しろくろしこう》

あいまいな状態《じょうたい》に耐《た》えられず、白《しろ》か黒《くろ》かはっきりさせようとしてしまう。

過度《かど》の一般化《いっぱんか》

たまたま一度《いちど》おこっただけのことを、すべてにあてはめてしまう。

心《こころ》のフィルター

よいできごとを無視《むし》し、悪《わる》いできごとばかりを見《み》てしまう。

マイナス化思考《かしこう》

よいことがあっても、マイナスのほうに考《かんが》えてしまう。

レッテル貼《は》り

人《ひと》にはさまざまな側面《そくめん》があるのに、「こういう人《ひと》だ」と決《き》めつけてしまう。

結論《けつろん》の飛躍《ひやく》

根拠《こんきょ》もないのに、相手《あいて》の気持《きも》ちやものごとを勝手《かって》に判断《はんだん》してしまう。

もっと知《し》りたい

認知行動療法《にんちこうどうりょうほう》は、再犯《さいはん》を防《ふせ》ぐ目的《もくてき》で、日本《にほん》の刑務所《けいむしょ》でも行《おこな》われている。

やすみじかん

心《こころ》の問題《もんだい》は自分《じぶん》で解決《かいけつ》するのが近道《ちかみち》

心《こころ》の問題《もんだい》や病気《びょうき》の多《おお》くは、その人《ひと》が考《かんが》えるその人自身《ひとじしん》（自己概念《じこがいねん》）と、その人《ひと》が実際《じっさい》に体験《たいけん》したことが一致《いっち》しないためにおきます。たとえば、「自分《じぶん》は優秀《ゆうしゅう》だ」と思《おも》っている人《ひと》が、受験《じゅけん》に失敗《しっぱい》するなど自分《じぶん》が望《のぞ》んだ評価《ひょうか》を得《え》られなかった場合《ばあい》、自己概念《じこがいねん》と体験《たいけん》が一致《いっち》せず、強《つよ》いストレスとなります。

臨床心理学《りんしょうしんりがく》による治療《ちりょう》では、心《こころ》の問題《もんだい》や病《びょう》気《き》を抱《かか》えた人《ひと》に対《たい》して、「ああしなさい」「こうしなさい」とはいいません。ただ、カウンセリングを通《とお》してその人《ひと》の感情《かんじょう》を受《う》け止《と》め、どのように自己概念《じこがいねん》と体験《たいけん》を一致《いっち》させればよいかを一緒《いっしょ》に考《かんが》えます。これを「クライエント中心療法《ちゅうしんりょうほう》」といいます。

心《こころ》の病気《びょうき》は、「治《なお》してもらうもの」ではなく、本人《ほんにん》の気《き》づきによって改善《かいせん》されるものです。カウンセラーなどの専門家《せんもんか》は、その手伝《てつだ》いをする存在《そんざい》なのです。

問題《もんだい》を抱《かか》える本人《ほんにん》が問題解決《もんだいかいけつ》するのを助《たす》ける

イラストでいうと、自己概念《じこがいねん》と経験的自己《けいけんてきじこ》が重《かさ》なっているほど、心《こころ》が安定《あんてい》している。カウンセラーは相談者《そうだんしゃ》に寄《よ》り添《そ》い、本人《ほんにん》がありのままの自分《じぶん》を受《う》け入《い》れられるように支援《しえん》する。

自己概念《じこがいねん》
経験的自己《けいけんてきじこ》
一致《いっち》
自分《じぶん》が思《おも》っている自己像《じこぞう》
実際《じっさい》に体験《たいけん》している自己《じこ》

自己概念《じこがいねん》
一致《いっち》
経験的自己《けいけんてきじこ》

「自分《じぶん》で問題解決《もんだいかいけつ》する」といっても助《たす》けは必要《ひつよう》だぜ

03

“今《いま》”に集中《しゅうちゅう》することで心《こころ》を落《お》ち着《つ》かせることができる

心《こころ》を楽《らく》にする方法《ほうほう》の1つに、「マインドフルネス」があります。ひとことでいえば、「ボーッとすること」です。

まずは楽《らく》な姿勢《しせい》で座《すわ》りましょう。真《ま》正面《しょうめん》よりやや下《した》のほうをぼんやり見《み》ながら、ゆっくりと深《ふか》く呼吸《こきゅう》します。その間《かん》、「今《いま》、自分《じぶん》は呼吸《こきゅう》をしている」ということだけ考《かんが》えてボーッとします。たったこれだけです。最初《さいしょ》は、頭《あたま》の中《なか》にいろいろな考《かんが》えが浮《う》かんできてボーッとできないものですが、慣《な》れてくるとすぐにできるようになります。

人《ひと》は、過去《かこ》にあったイヤなことや不《ふ》安《あん》など、ストレスを感《かん》じるような考《かんが》えを心《こころ》の中《なか》でくりかえし、抜《ぬ》け出《だ》せなくなってしまうことがあります。これを「反芻思考《はんすうしこう》」といいます。このとき、脳内《のうない》では「デフォルト・モード・ネットワーク」とよばれる脳活動《のうかつどう》が活性化《かっせいか》していると考《かんが》えられています。このネットワークを止《と》める方法《ほうほう》が、「何《なに》も考《かんが》えないでボーッとすること」なのです。

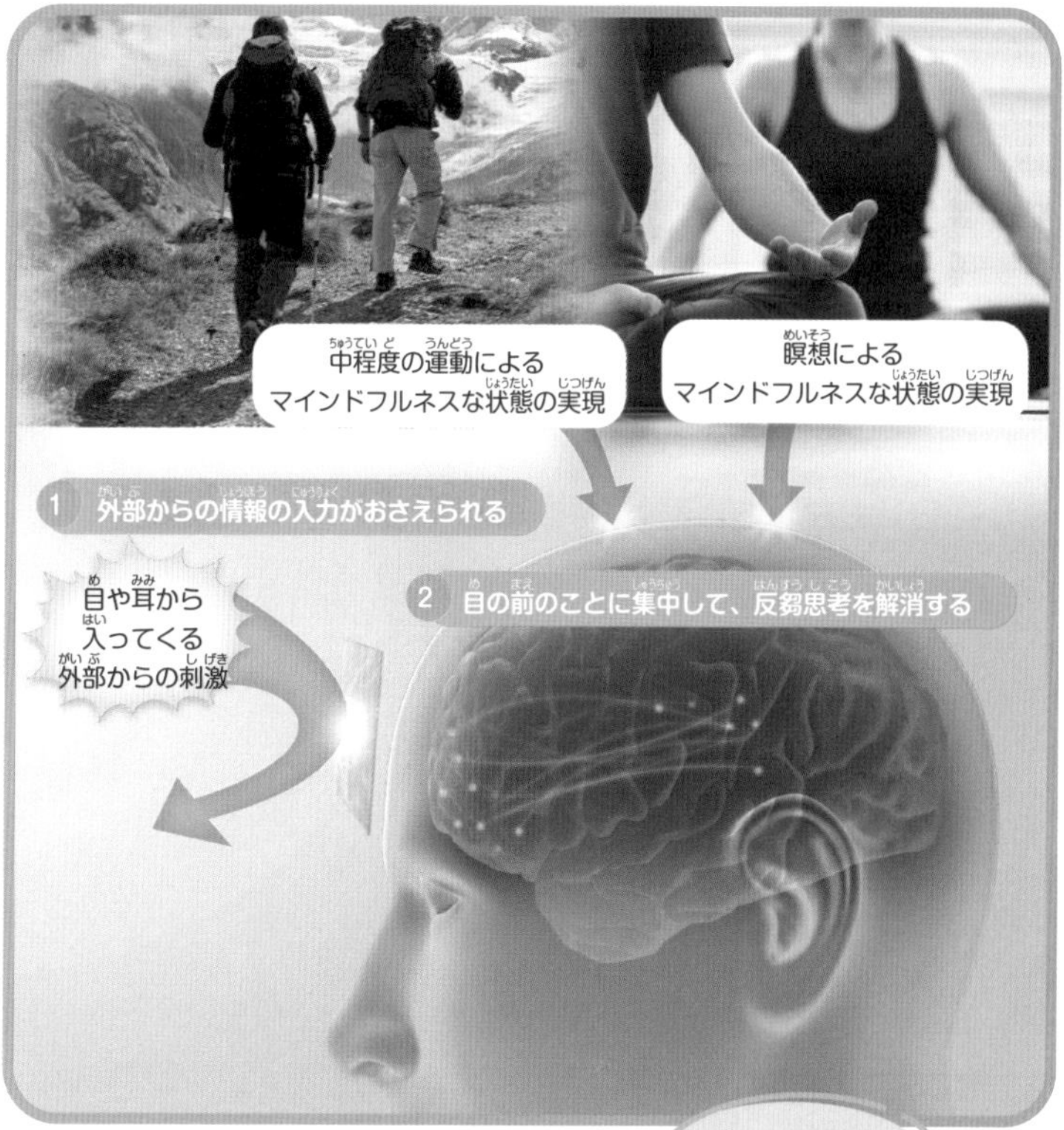
中程度《ちゅうていど》の運動《うんどう》による
マインドフルネスな状態《じょうたい》の実現《じつげん》
瞑想《めいそう》による
マインドフルネスな状態《じょうたい》の実現《じつげん》
1 外部《がいぶ》からの情報《じょうほう》の入力《にゅうりょく》がおさえられる
目《め》や耳《みみ》から
入《はい》ってくる
外部《がいぶ》からの刺激《しげき》
2 目《め》の前《まえ》のことに集中《しゅうちゅう》して、反芻思考《はんすうしこう》を解消《かいしょう》する

イヤな考《かんが》えから抜《ぬ》け出《だ》す「マインドフルネス」

反芻思考《はんすうしこう》におちいってしまうと、ほかのことを考《かんが》えられなくなる。マインドフルネスは、「呼吸《こきゅう》をしている」などの現在《げんざい》の体《からだ》の状態《じょうたい》や、「ほこりが舞《ま》っている」など目《め》の前《まえ》でおきていることに意識《いしき》を集中《しゅうちゅう》することで、脳《のう》を反芻思《はんすうし》考《こう》の状態《じょうたい》からリセットすることができると考《かんが》えられている。登山《とざん》などのように「周囲《しゅうい》のようすに意識《いしき》を向《む》ける運《うん》動《どう》」には、マインドフルネスと同《おな》じような効果《こうか》があると考《かんが》えられている。

ボーッとするのにも
練習《れんしゅう》が必要《ひつよう》なんだぜ
オレは達人《たつじん》

もっと知《し》りたい

サッカーなどの集中力《しゅうちゅうりょく》が必要《ひつよう》なスポーツも、マインドフルネスと同《おな》じ効果《こうか》がある。

04

犯罪《はんざい》がおきにくい場所《ばしょ》を知《し》って犯罪《はんざい》を防《ふせ》ぐ

心理学《しんりがく》は、防犯《ぼうはん》にも役立《やくだ》ちます。たとえば、「犯罪《はんざい》がおきやすい危険《きけん》な場所《しょ》」を見抜《みぬ》くことができます。

危険《きけん》な場所《ばしょ》の共通点《きょうつうてん》は、「入《はい》りやすく、見《み》えにくい場所《ばしょ》」です。

「入《はい》りやすい場所《ばしょ》」とは、悪《わる》い人《ひと》があやしまれることなくターゲットに近《ちか》づけて、そこから簡単《かんたん》に逃《に》げられる場《ば》所《しょ》のことです。

一方《いっぽう》、「見《み》えにくい場所《ばしょ》」とは、人《ひと》けがない、障害物《しょうがいぶつ》があって見《み》えにくいなど、犯行《はんこう》が目撃《もくげき》されにくい場所《ばしょ》のことです。

「管理《かんり》が行《い》き届《とど》いていない場所《ばしょ》」も、実《じつ》は「見《み》えにくい場所《ばしょ》」です。「割《わ》れ窓理論《まどりろん》」といって、窓《まど》が割《わ》れたままほったらかされているような場所《ばしょ》は、地《ち》域《いき》の人《ひと》の関心《かんしん》が薄《うす》く、悪《わる》い人《ひと》には「犯《はん》行《こう》を行《おこな》いやすい場所《ばしょ》」となるのです。

また、110ページで紹介《しょうかい》した通《とお》り、「人《ひと》がたくさんいる場所《ばしょ》」もかえって通報《つうほう》されにくくなります。

家《いえ》や学校《がっこう》の
まわりにもこんな
場所《ばしょ》はないかな？

犯罪《はんざい》がおきやすいのはどっち？

(答《こた》えは133ページ)

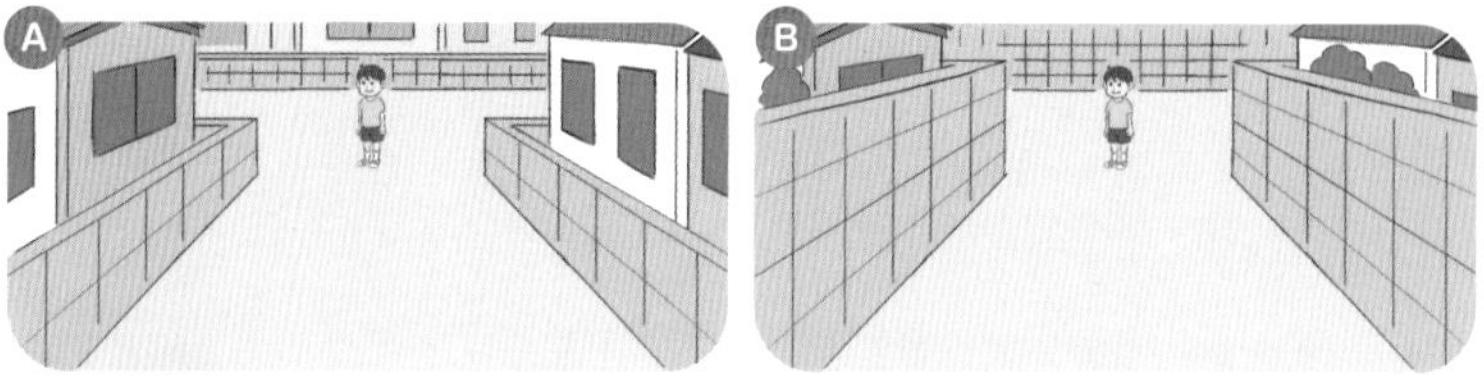
A
B

住宅街《じゅうたくがい》 **ヒント**：ブロック塀《べい》が高《たか》いと、家《いえ》の中《なか》から道路《どうろ》のようすが見《み》えにくい。

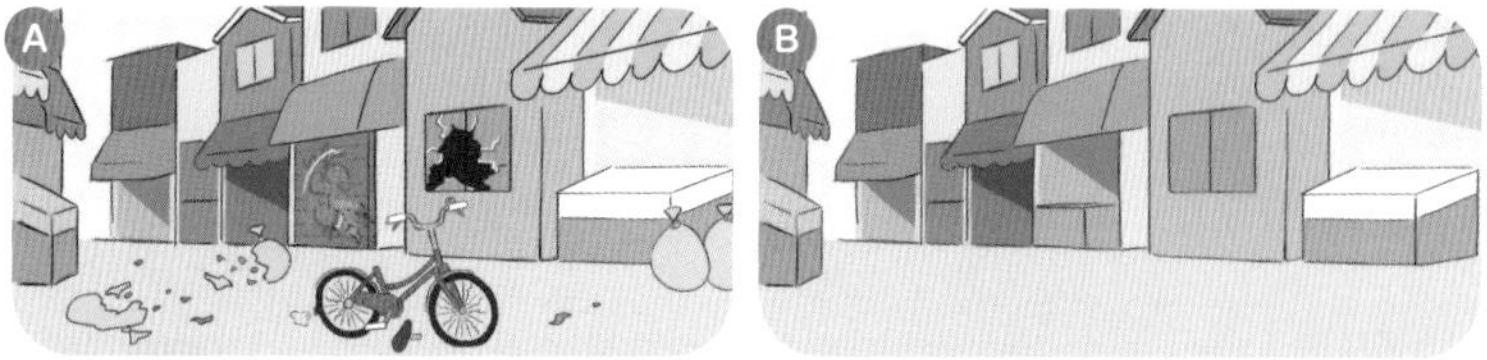
A
B

商店街《しょうてんがい》 **ヒント**：本文《ほんぶん》の「割《わ》れ窓《まど》理論《りろん》」に注目《ちゅうもく》。悪《わる》い人《ひと》が犯罪《はんざい》をおこしやすいのはどちらか。

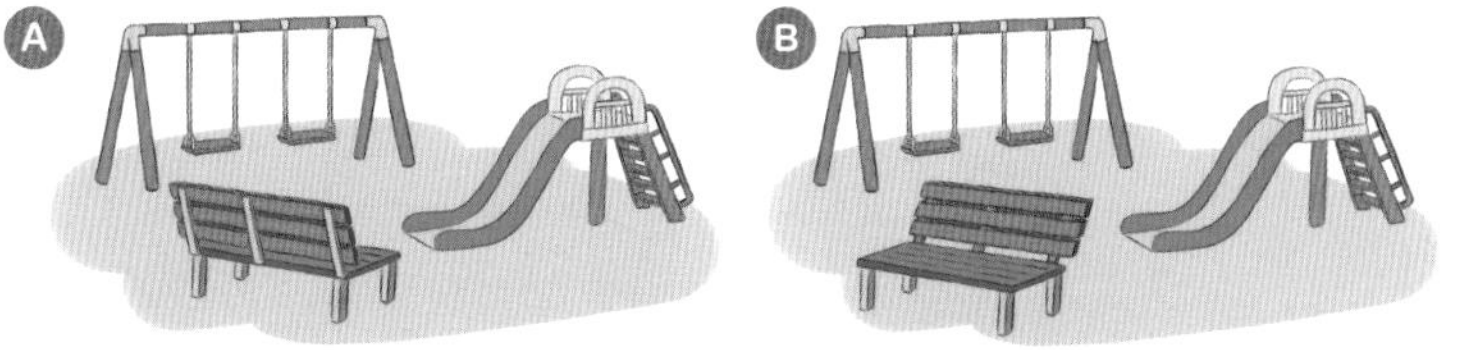
A
B

公園《こうえん》 **ヒント**：悪《わる》い人《ひと》が子《こ》どもに話《はな》しかけやすいのはどちらか。

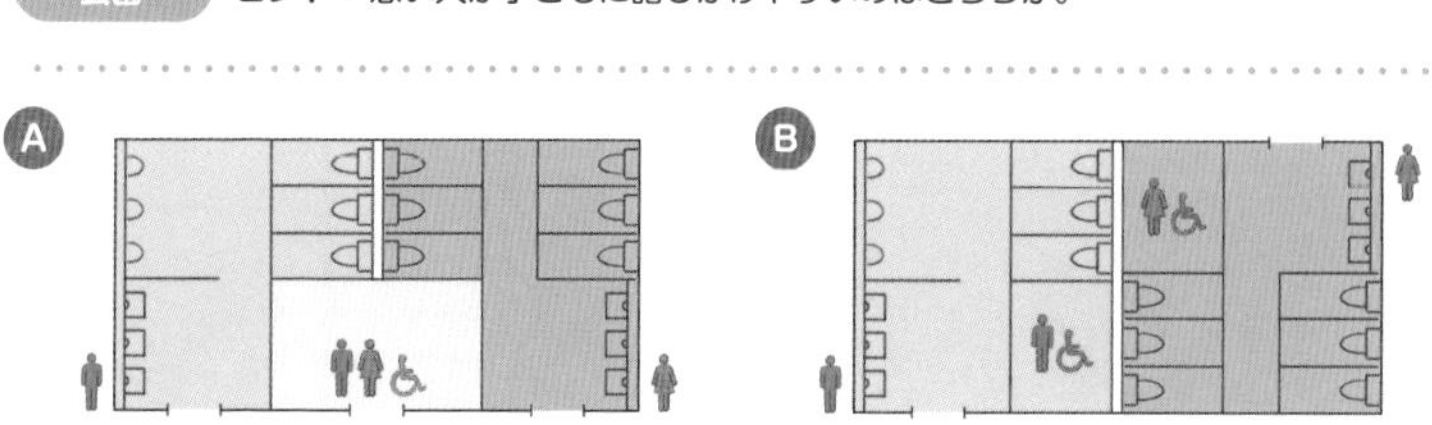
A
B

トイレ **ヒント**：男女兼用《だんじょけんよう》の多目的《たもくてき》トイレでは、連《つ》れこみによる犯罪《はんざい》がおこりやすい。

もっと知《し》りたい

ガードレールがない歩道《ほどう》も、車《くるま》による連《つ》れ去《さ》りがおこるため注意《ちゅうい》する必要《ひつよう》がある。

05

15人《にん》に1人《り》がかかる心《こころ》の病気《びょうき》「うつ病《びょう》」

心《こころ》の病気《びょうき》の代表的《だいひょうてき》なものに「うつ病《びょう》」があります。10～15人《にん》に1人《り》は発症《はっしょう》するといわれている、めずらしくない病気《びょうき》です。発症《はっしょう》する原因《げんいん》は正確《せいかく》にはわかっていませんが、ストレスが関係《かんけい》しているとされています。

うつ病《びょう》の発症《はっしょう》は、身近《みぢか》な人《ひと》やペットが亡《な》くなってしまったなどのつらい経験《けいけん》がきっかけとなるケースもありますが、結婚《けっこん》や進学《しんがく》な

うつ病《びょう》の症状《しょうじょう》

精神《せいしん》にあらわれる症状《しょうじょう》の例《れい》

憂《ゆう》うつな気分《きぶん》がつづき、何《なに》に対《たい》しても興味《きょうみ》や関心《かんしん》がなくなる。また、悲哀感《ひあいかん》や劣等感《れっとうかん》、罪悪感《ざいあくかん》などをいだいたり、思考力《しこうりょく》や集中力《しゅうちゅうりょく》、決断力《けつだんりょく》、判断力《はんだんりょく》が低下《ていか》したりすることで、日常生活《にちじょうせいかつ》に支《し》障《しょう》をきたすようになる。

身体《しんたい》にあらわれる症状《しょうじょう》の例《れい》

食欲低下《しょくよくていか》（もしくは食欲亢進《しょくよくこうしん》）、不眠《ふみん》（もしくは過眠《かみん》）、頭痛《ずつう》、肩《かた》こり、腰痛《ようつう》、腹痛《ふくつう》、便秘《べんぴ》、嘔吐《おうと》、動悸《どうき》、めまい、全身《ぜんしん》の倦怠感《けんたいかん》などがおき、疲《つか》れやすくなる。

ど、よろこばしいできごとがきっかけになることもあります。

うつ病《びょう》になると、気分《きぶん》が落《お》ちこんで悲《かな》しい気持《きも》ちでいっぱいになり、そこから罪《つみ》の意識《いしき》や絶望感《ぜつぼうかん》、「どうせ自分《じぶん》なんて」などといったよくない考《かんが》えが生《う》まれます。うつ病《びょう》の治療法《ちりょうほう》としては、認知行動《にんちこうどう》療法《りょうほう》（↓122ページ）や、マインドフルネス（↓128ページ）などがあります。

うつ病《びょう》の発症《はっしょう》につながるさまざまな誘因《ゆういん》

子《こ》どものうつ

いじめられたり、学校生活《がっこうせいかつ》がうまくいかなかったりすることで、ひきこもりや不登校《ふとうこう》となるケースがある。また、過度《かど》な受験戦争《じゅけんせんそう》による“燃《も》え尽《つ》き症候群《しょうこうぐん》”からうつ病《びょう》を発症《はっしょう》することもある。

女性《じょせい》のうつ

結婚《けっこん》や妊娠《にんしん》、出産《しゅっさん》といった一見幸《いっけんしあわ》せなできごとも、環境《かんきょう》の変化《へんか》がストレスとなることがある。妊娠《にんしん》・出産《しゅっさん》による体調《たいちょう》の変化《へんか》や、子育《こそだ》て・仕事《しごと》・家事《かじ》による心身《しんしん》への負担《ふたん》から、うつ病《びょう》を発症《はっしょう》してしまうケースもある。

働き盛《ざか》りのうつ

リストラや就職《しゅうしょく》・転職《てんしょく》の失敗《しっぱい》による環境《かんきょう》の変化《へんか》だけでなく、昇進《しょうしん》という、一見《いっけん》ポジティブに思《おも》える環境《かんきょう》の変化《へんか》であっても、仕事《しごと》内容《ないよう》や人間関係《にんげんかんけい》がかわることに適応《てきおう》できず、うつ病《びょう》を発症《はっしょう》するケースがある。

もっと知《し》りたい

131ページの答《こた》え：住宅街《じゅうたくがい》B、商店街《しょうてんがい》A、公園《こうえん》A、トイレA

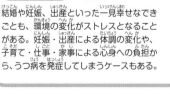

06 強《つよ》い不安《ふあん》や恐怖《きょうふ》におそわれる心《こころ》の病《やまい》

前《まえ》のページで紹介《しょうかい》した「うつ病《びょう》」以外《いがい》にも、心《こころ》の病気《びょうき》はあります。いきなり呼吸《こきゅう》が苦《くる》しくなり、気絶《きぜつ》することもある「パニック障害《しょうがい》」や、自分《じぶん》でもおかしいとわかっていながらも1つの行動《こうどう》がやめられない「強迫性障害《きょうはくせいしょうがい》」、特定《とくてい》のものをおそれる「恐怖症《きょうふしょう》」、過去《かこ》に受《う》けた強《つよ》いストレス（トラウマ）によって発作《ほっさ》がおきる「PTSD」などです。

恐怖症《きょうふしょう》

特定《とくてい》のものに異常《いじょう》な恐怖《きょうふ》をいだき、近寄《ちかよ》ることすらできなくなる。人《ひと》ごみ、エレベーター、乗《の》り物《もの》、広《ひろ》場《ば》などを怖《こわ》がる「広場恐怖症《ひろばきょうふしょう》」や、人前《ひとまえ》で恥《はじ》をかいたりすることを極《きょく》端《たん》に恐《おそ》れる「社交恐怖《しゃこうきょうふ》」、人《ひと》の視線《しせん》に恐怖《きょうふ》を感《かん》じる「視線恐怖《しせんきょうふ》」など、さまざまな恐怖症《きょうふしょう》がある。

PTSD

(Post Traumatic Stress Disorder)

「心的外傷後《しんてきがいしょうご》ストレス障害《しょうがい》」ともいう。戦争《せんそう》、災害《さいがい》、事故《じこ》などによって受《う》けたストレス(トラウマ)に対《たい》して、自分《じぶん》の意思《いし》とは関係《かんけい》なくフラッシュバック（できごとが急《きゅう》に頭《あたま》に浮《う》かんでくる）がおこる。トラウマを思《おも》いおこさせる状況《じょうきょう》にあうと恐怖《きょうふ》やパニックをおこしたりする。

こうした心《こころ》の病気《びょうき》にかかっている人《ひと》は、自分《じぶん》の内側《うちがわ》にある不安《ふあん》や恐怖《きょうふ》ばかり意識《いしき》してしまい、ほかのことに注意《ちゅうい》や関心《かんしん》を向《む》けることがむずかしくなります。

治療《ちりょう》では、この不安《ふあん》や恐怖《きょうふ》の感情《かんじょう》はそのままにして、「できない」と思《おも》っていた日常《にちじょう》の行動《こうどう》に、無理《むり》のない範囲《はんい》で取《と》り組《く》みます。それまで自分《じぶん》の内側《うちがわ》ばかりに向《む》いていた注意《ちゅうい》や関心《かんしん》を、外《そと》に向《む》けてもらうのです。

こうした治療方法《ちりょうほうほう》を「森田療法《もりたりょうほう》」といいます。

パニック障害《しょうがい》

突然《とつぜん》、動悸《どうき》、めまい、発汗《はっかん》、窒息感《ちっそくかん》、吐《は》き気《け》、手足《てあし》のふるえといった発作《ほっさ》がおき、本人《ほんにん》にとっては「死《し》ぬかもしれない」というほど苦《くる》しい。症状《しょうじょう》は20～30分《ぷん》でおさまるが、本人《ほんにん》は「また発作《ほっさ》がおきるのではないか」といつも強《つよ》い不安《ふあん》にとらわれる。

強迫性障害《きょうはくせいしょうがい》

自分《じぶん》でも「ばかばかしい」「おかしい」と思《おも》いつつ、同《おな》じ行為《こうい》をやりつづけてしまう。たとえば、何度《なんど》も手《て》を洗《あら》わないと気《き》がすまず洗《あら》いつづける「洗浄強迫《せんじょうきょうはく》」、家《いえ》の鍵《かぎ》をかけたかを何度《なんど》も確認《かくにん》しないと気《き》がすまない「確認強迫《かくにんきょうはく》」などがある。

もっと知《し》りたい

「森田療法《もりたりょうほう》」は、1919年《ねん》に日本《にほん》の精神科医《せいしんかい》・森田正馬《もりたまさたけ》が開発《かいはつ》した。

07

心《こころ》には安定《あんてい》したままでいようとする力《ちから》がある

私《わたし》たちの心《こころ》は、もろく、傷《きず》つきやすい存在《そんざい》です。そのため、無意識《むいしき》のうちに、みずからの心《こころ》を守《まも》るしくみがはたらいています。36ページで紹介《しょうかい》した精《せい》神科医《しんかい》フロイトは、このしくみを「防《ぼう》衛機制《えいきせい》」とよびました。

防衛機制《ぼうえいきせい》のなかには、「見《み》て見《み》ぬふりをする」など、場合《ばあい》によってはあまりよくないものもあります。自分《じぶん》の心《こころ》を見《み》つめ、どんな防衛機制《ぼうえいきせい》がはたらいているかを意識《いしき》することが大切《たいせつ》です。

否認《ひにん》

いわゆる「見《み》てみぬふりをする」ことで、認《みと》めたくない現実《げんじつ》や経験《けいけん》をなかったことにする。

置《お》き換《か》え

かなわなかった感情《かんじょう》を、ほかのものに置《お》き換《か》えて満《み》たそうとするはたらき。

同一化《どういつか》

あこがれたり尊敬《そんけい》している人《ひと》の行動《こうどう》を取《と》り入《い》れて、自分《じぶん》も同一《どういつ》だと認識《にんしき》するはたらき。

知性化《ちせいか》

いわゆる「理詰《りづ》めで考《かんが》える」状態《じょうたい》。たとえば深刻《しんこく》な病《やまい》を告知《こくち》された人《ひと》が、「治癒率《ちゆりつ》は0%」のように、感情《かんじょう》ではなく数値《すうち》で話《はな》したりする。

昇華《しょうか》

現実《げんじつ》にかなえられない願《がん》望《ぼう》や感情《かんじょう》を、スポーツや芸術《げいじゅつ》など、社会的《しゃかいてき》に受《う》け入《い》れられるものに置《お》き換《か》えて満《み》たすはたらき。

スポーツに昇華《しょうか》

他人《たにん》を攻撃《こうげき》したい

合理化《ごうりか》

望《のぞ》むものが手《て》に入《はい》らないときなどに、自分《じぶん》が納得《なっとく》しやすい理由《りゆう》をつけること。

投影同一化《とうえいどういつか》

他人《たにん》の功績《こうせき》を自分《じぶん》の功績《こうせき》のように思《おも》って、一緒《いっしょ》に喜《よろこ》ぶなど。

隔離《かくり》

受《う》け入《い》れがたい感情《かんじょう》や欲求《よっきゅう》を意識《いしき》から切《き》りはなして遠《とお》ざける心《こころ》の動《うご》き。たとえば、かわいがっていたペットが亡《な》くなったとき、その悲《かな》しみを切《き》りはなし、淡々《たんたん》と亡《な》くなった事実《じじつ》だけを話《はな》しているような状況《じょうきょう》。

反動形成《はんどうけいせい》

無意識《むいしき》に、自分《じぶん》の感情《かんじょう》や願望《がんぼう》とは反対《はんたい》の言動《げんどう》をとること。親《おや》からの愛情《あいじょう》を奪《うば》った弟《おとうと》や妹《いもうと》に嫉妬《しっと》しているにもかかわらず、過剰《かじょう》にきょうだいの面倒《めんどう》をみたりする。

抑圧《よくあつ》

つらいことがあったとき、その記憶《きおく》や感情《かんじょう》を意識《いしき》にのぼらせないようにするはたらき。

退行《たいこう》

下《した》にきょうだいが生《う》まれた幼児《ようじ》が「赤《あか》ちゃん返《がえ》り」をおこすのはこのはたらきである。

投影《とうえい》

自分《じぶん》の欠点《けってん》を棚《たな》に上《あ》げて、相手《あいて》を批判《ひはん》したりする。

もっと知《し》りたい

子《こ》どもが、しかられたくないときにつくウソも、自分《じぶん》の心《こころ》を守《まも》るはたらき。

やすみじかん

どうして虫《むし》がきらいな人《ひと》が多《おお》いの？

　大人《おとな》になると、虫《むし》を気持《きも》ち悪《わる》がる人《ひと》が多《おお》くなります。これは、「虫《むし》は病気《びょうき》を広《ひろ》げる可能性《かのうせい》がある生《い》き物《もの》」ということが関係《かんけい》していて、「食《た》べる場所《ばしょ》や寝《ね》る場所《ばしょ》に虫《むし》がいてはいけない」と本能的《ほんのうてき》に思《おも》うからとされています。また、都市化《としか》によって自然《しぜん》と接《せっ》する機会《きかい》が減《へ》った現代人《げんだいじん》にとって、虫《むし》が「よくわからないもの」になったことも理由《りゆう》だそうです。

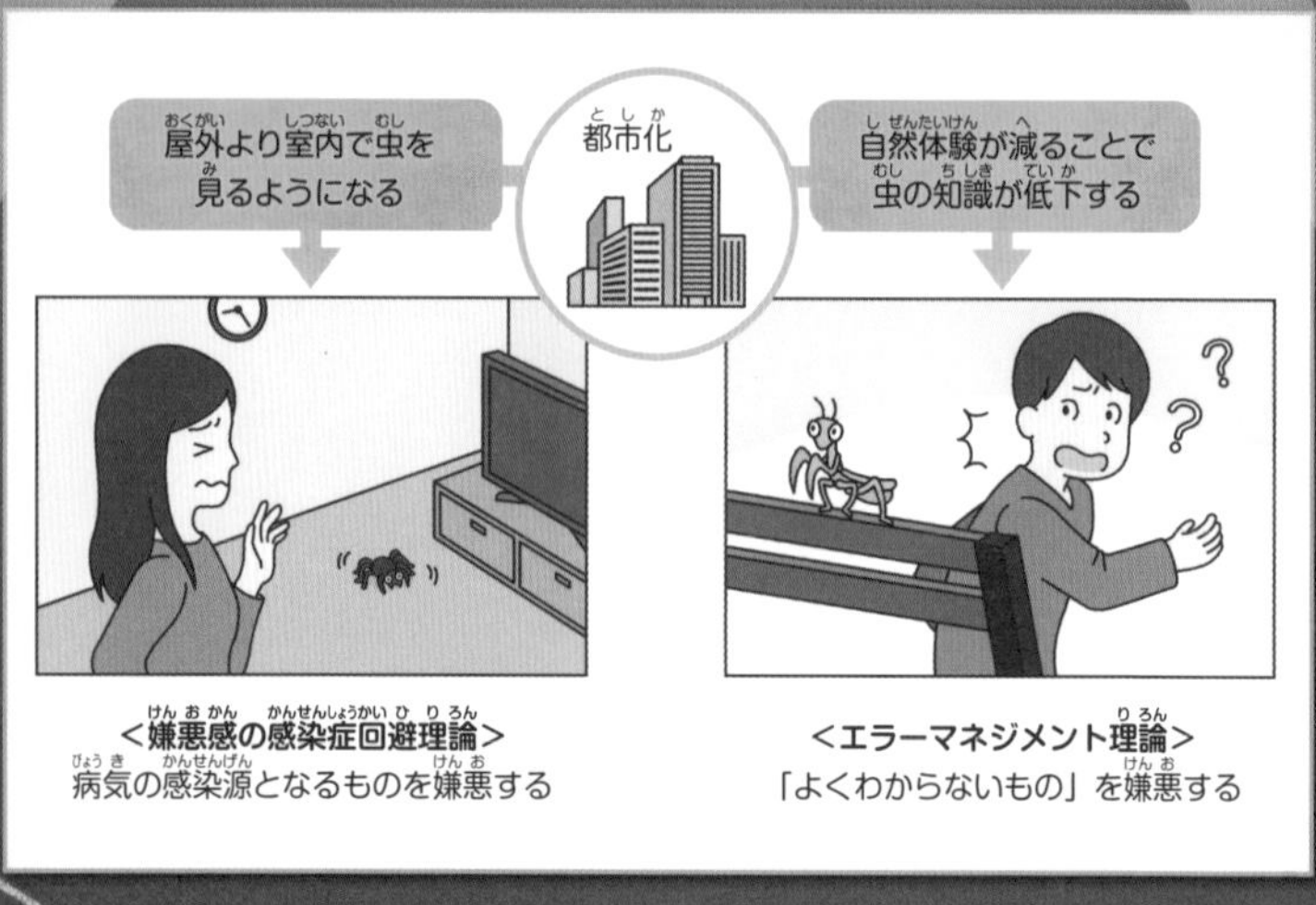

屋外《おくがい》より室内《しつない》で虫《むし》を
見《み》るようになる
都市化《としか》
自然体験《しぜんたいけん》が減《へ》ることで
虫《むし》の知識《ちしき》が低下《ていか》する
＜嫌悪感《けんおかん》の感染症回避理論《かんせんしょうかいひりろん》＞
病気《びょうき》の感染源《かんせんげん》となるものを嫌悪《けんお》する
＜エラーマネジメント理論《りろん》＞
「よくわからないもの」を嫌悪《けんお》する

5 じかんめ

身《み》のまわりの心理学《しんりがく》

広告《こうこく》は心理学《しんりがく》を使《つか》ったワナ？　ＳＮＳは心《こころ》とどう関係《かんけい》あるの？　やる気《き》や集中力《しゅうちゅうりょく》を出《だ》すにはどうすればいい？　心理学《しんりがく》で恋愛《れんあい》もうまくいく？　ここでは、日常《にちじょう》のちょっとしたところにかくれている心理学《しんりがく》の話《はなし》を紹介《しょうかい》します。

ぼくはいつでも
やる気《き》いっぱい！

01 何度《なんど》も同《おな》じ広告《こうこく》を見《み》ていると買《か》ってしまう

テレビやスマートフォンなどを見《み》ていると、何度《なんど》も同《おな》じ広告《こうこく》が流《なが》れてきますね。「またこの広告《こうこく》?」とイライラすることもあるかもしれませんが、逆《ぎゃく》に「だんだん気《き》になってきた」ということもありませんか?

実《じつ》は、人《ひと》の心《こころ》には、「何度《なんど》も見《み》たり聞《き》いたりしたものは好《す》きになってしまいやすい」という性質《せいしつ》があります。これを「単純接触効果《たんじゅんせっしょくこうか》」といいます。商《しょう》品《ひん》を買《か》ってもらいたい会社《かいしゃ》やお店《みせ》は、この単純接触効果《たんじゅんせっしょくこうか》をねらって、同《おな》じ広《こう》告《こく》を何度《なんど》も流《なが》しているというわけです。

単純接触効果《たんじゅんせっしょくこうか》がおこる理由《りゆう》は、次《つぎ》のように考《かんが》えられています。同《おな》じものに何回《なんかい》も接《せっ》していると、それが「あたりまえ」になります。「あたりまえのこと」は、脳《のう》にとってはストレスなく簡《かん》単《たん》に処理《しょり》できる情報《じょうほう》です。だから、より好《この》ましく感《かん》じてしまうというわけです。ちなみに、単純接触効果《たんじゅんせっしょくこうか》は、においや味《あじ》、人《ひと》の顔《かお》でもおきるようです。

見《み》なれてもらうことが重要《じゅうよう》

ビルの壁面《へきめん》や屋上《おくじょう》、電車《でんしゃ》の車内《しゃない》、雑誌《ざっし》、テレビ、スマートフォンなど、あらゆる場面《ばめん》で同《おな》じ広告《こうこく》を見《み》つづけることで単純接触効果《たんじゅんせっしょくこうか》がおき、その商品《しょうひん》を好《す》きになるといわれている。

もっと知《し》りたい

単純接触効果《たんじゅんせっしょくこうか》は、この効果《こうか》を研究《けんきゅう》した人《ひと》の名前《なまえ》から「ザイアンスの法則《ほうそく》」ともいう。

やすみじかん

器《うつわ》からあふれている商品《しょうひん》は得《とく》に見《み》える

こんな実験《じっけん》があります。Aの店《みせ》は、300g入《はい》るカップに、220gのアイスクリームを入《い》れました。Bの店《みせ》は、150g入《はい》るカップに、200gのアイスクリームを入《い》れました。それを、実験《じっけん》の参加者《さんかしゃ》に見《み》せて、いくらまでなら払《はら》えるか値段《ねだん》をつけてもらいました。すると、AよりBのほうが高《たか》い値段《ねだん》がつけられました。量《りょう》だけ

同《おな》じ量《りょう》のアイスクリームを盛《も》っても、器《うつわ》がちがうだけで中身《なかみ》の評価《ひょうか》がかわることがある。

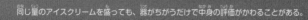

ならBのアイスクリームほうが少《すく》ないのに、ふしぎですね。

見《み》た目《め》の話《はなし》をすると、Bはカップに入《はい》りきらない量《りょう》のアイスクリームを入《い》れたので、アイスクリームがカップからこんもりとはみ出《で》ていました。これにより、参加者《さんかしゃ》にはアイスクリームの量《りょう》が実際《じっさい》より多《おお》く見《み》えたようです。

このように、商品《しょうひん》の価値《かち》をわざと高《たか》く見《み》せる効果《こうか》を「レス・イズ・ベター効果《こうか》」といいます。商売《しょうばい》においては便利《べんり》な効果《こうか》ですが、ものを買《か》うときには少《すこ》し気《き》をつけたいですね。

参考文献《さんこうぶんけん》:Christopher K. Hsee (1998). Less is better: When low-value options are valued more highly than high value options. Journal of Behavioral Decision Making, 11, 107-121

02 心《こころ》にとってSNSはよいもの？悪《わる》いもの？

手軽《てがる》に情報《じょうほう》を発信《はっしん》したり受《う》け取《と》ったりできるSNS（ソーシャル・ネットワーキング・サービス）。なかには「SNSで人《ひと》とつながることにつかれてしまった」という人《ひと》もいるのではないでしょうか？

人《ひと》には、「ほかの人《ひと》から悪《わる》く思《おも》われたくない」という欲求《よっきゅう》と、「ほかの人《ひと》からよく思《おも》われたい」という欲求《よっきゅう》があります。だから、投稿《とうこう》に「いいね」が少《すく》ないと「こんな投稿《とうこう》しなければよかった」と落《お》ちこんだり、たくさんの「いいね」がほしくて投稿《とうこう》がやめられなくなったりします。とくに、「いいね」をもらうと、脳《のう》の中《なか》で気持《きも》ちがよくなる物質《ぶっしつ》がつくられるため、お酒《さけ》やタバコなどと同《おな》じで、SNSに依存《いぞん》してしまう人《ひと》もいます。

左《ひだり》のページに、SNS依存度《いぞんど》をチェックするリストがあります。SNS依《い》存《ぞん》が気《き》になる人《ひと》は、SNSを絶対《ぜったい》に見《み》ない時間《じかん》をつくるとよいでしょう。

SNS依存《いぞん》チェックリスト

東京大学《とうきょうだいがく》の橋元良明《はしもとよしあき》さんたちが2018年《ねん》に行《おこな》った調査《ちょうさ》で使用《しよう》したリスト。自分《じぶん》が当《あ》てはまるものにチェックを入《い》れてみよう。「最近《さいきん》あてはまる」が5つ以上《いじょう》ある場合《ばあい》は、SNSに依存《いぞん》ぎみ。

質問項目《しつもんこうもく》	最近《さいきん》あてはまる	最近《さいきん》はあてはまらないが、最《もっと》も利用《りよう》していた時期《じき》にはあてはまった	あてはまらない
SNSのことばかり考《かんが》えている時間《じかん》がある／あった	□	□	□
もっとSNSを使《つか》わないと気《き》がすまないと感《かん》じていることがある／あった	□	□	□
SNSを使《つか》えないと気分《きぶん》が落《お》ちこむことがある／あった	□	□	□
ほかの人《ひと》からSNSの利用《りよう》を少《すこ》しひかえるようにいわれても、やめられないことがある／あった	□	□	□
わずらわしいことを考《かんが》えるのがいやで、SNSを使《つか》うことがある／あった	□	□	□
SNSばかり使《つか》うことの影響《えいきょう》について、人《ひと》と言《い》い争《あらそ》いをしたことがある／あった	□	□	□
SNSを使《つか》っている時間《じかん》を、人《ひと》に知《し》られないようにごまかしたことがある／あった	□	□	□
SNSの利用《りよう》で満足《まんぞく》しているため、ほかの趣味《しゅみ》や活動《かつどう》への興味《きょうみ》を失《うしな》ったことがある／あった	□	□	□
SNSを使《つか》いすぎることで、家族《かぞく》や友人《ゆうじん》、パートナーと、深刻《しんこく》ないさかいをおこしたことがある／あった	□	□	□

エコー・チェンバー現象《げんしょう》

SNSでは、自分《じぶん》と同《おな》じ意見《いけん》や価値観《かちかん》をもつ人《ひと》とばかりやりとりすることが自然《しぜん》に多《おお》くなります。この状態《じょうたい》では同《おな》じ情報《じょうほう》だけが入《はい》ってくるようになり、その情報《じょうほう》がたとえデマでも真実《しんじつ》だと信《しん》じこんでしまいます。これを「エコー・チェンバー現象《げんしょう》」といいます。投稿数《とうこうすう》やシェア数《すう》にまどわされず、客観的《きゃっかんてき》に情報《じょうほう》を判断《はんだん》することが必要《ひつよう》です。

もっと知《し》りたい

「エコー・チェンバー」は、自分《じぶん》の発《はっ》した音《おと》が反響《はんきょう》する閉《と》じられた部屋《へや》を意味《いみ》する。

03 バズっている話題《わだい》に引《ひ》きつけられるわけ

ある話題《わだい》が、SNSなどで多《おお》くの人《ひと》の注目《ちゅうもく》を一気《いっき》に集《あつ》めることを「バズる」といいますね。私《わたし》たちが、バズっている情報《じょうほう》を拡散《かくさん》するときには「バンドワゴン効果《こうか》」とよばれる心《こころ》のしくみがはたらいています。

たとえば、あなたの前《まえ》に行列《ぎょうれつ》ができているお店《みせ》があったら、「みんながならぶくらいだから、おいしいお店《みせ》にちがいない」と思《おも》って、

人《ひと》は、まわりの評判《ひょうばん》がよいものは、きっとよいものだろうと判断《はんだん》してしまいがちだ。これを「バンドワゴン効果《こうか》」という。行列《ぎょうれつ》ができている店《みせ》と、そうでない店《みせ》があった場合《ばあい》、多《おお》くの人《ひと》は行列《ぎょうれつ》ができている店《みせ》を選《えら》ぶ。その結果《けっか》、行列《ぎょうれつ》がさらなる行列《ぎょうれつ》をよぶことになる。

自分《じぶん》もならびたくなるのではないでしょうか。これが「バンドワゴン効果《こうか》」です。

私《わたし》たちは、バズっている話題《わだい》を見《み》かけると、「みんなが拡散《かくさん》しているのだから、広《ひろ》げたほうがよい話題《わだい》にちがいない」と考《かんが》えがちになります。ただし、前《まえ》のページでも紹介《しょうかい》した通《とお》り、SNSはかたよった情報《じょうほう》が集《あつ》まりやすくなっています。情報《じょうほう》を広《ひろ》げるときには、その情報《じょうほう》は本当《ほんとう》か、そして、気軽《きがる》に広《ひろ》げてよいことなのか、注意《ちゅうい》する必要《ひつよう》があります。

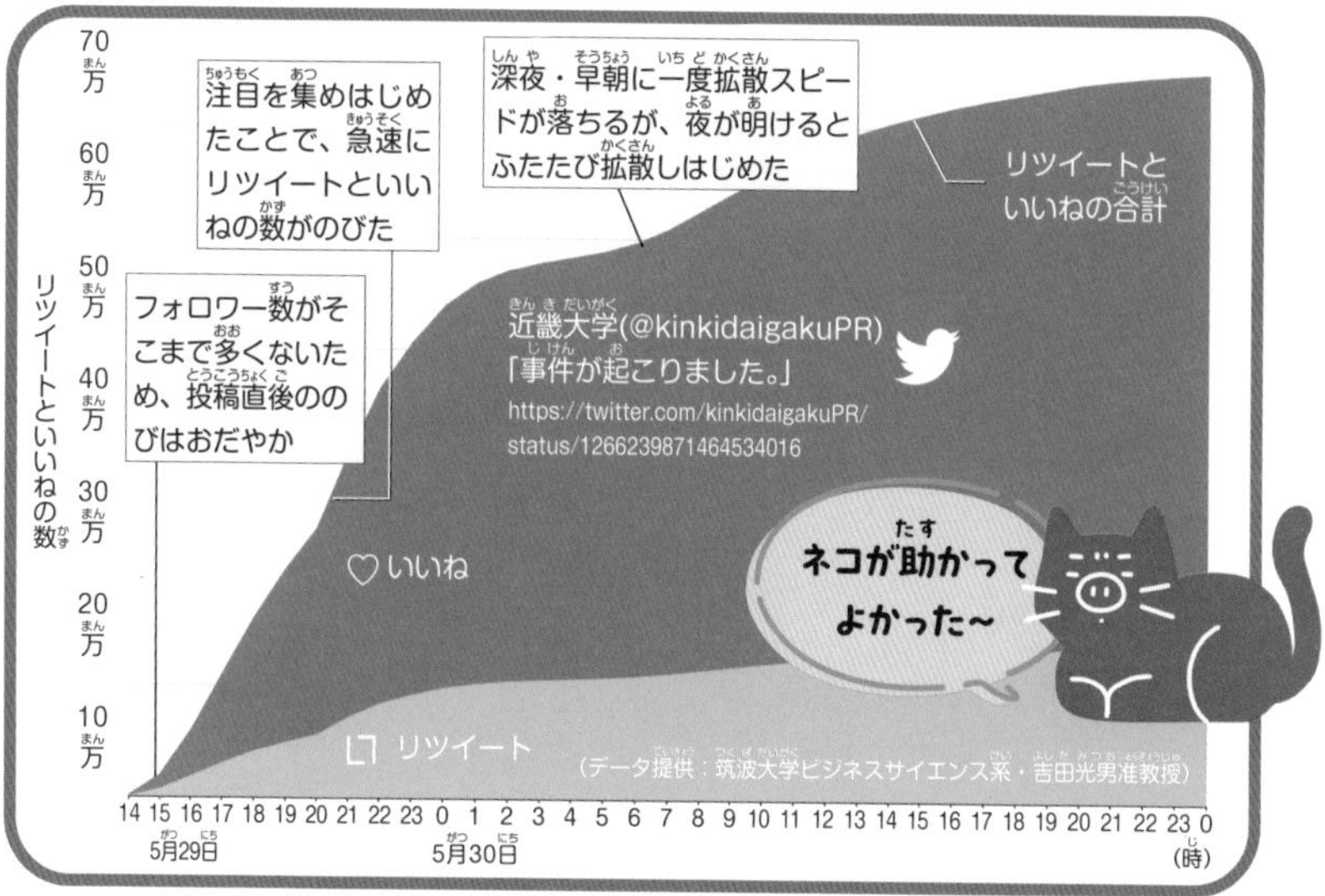

70万《まん》
60万《まん》
50万《まん》
40万《まん》
30万《まん》
20万《まん》
10万《まん》
リツイートといいねの数《かず》
注目《ちゅうもく》を集《あつ》めはじめたことで、急速《きゅうそく》にリツイートといいねの数《かず》がのびた
深夜《しんや》・早朝《そうちょう》に一度《いちど》拡散《かくさん》スピードが落《お》ちるが、夜《よる》が明《あ》けるとふたたび拡散《かくさん》しはじめた
リツイートといいねの合計《ごうけい》
フォロワー数《すう》がそこまで多《おお》くないため、投稿直後《とうこうちょくご》ののびはおだやか
近畿大学《きんきだいがく》(@kinkidaigakuPR)
「事件《じけん》が起《お》こりました。」
https://twitter.com/kinkidaigakuPR/status/1266239871464534016
いいね
リツイート
ネコが助《たす》かってよかった~
(データ提供：筑波大学ビジネスサイエンス系・吉田光男准教授)
14 15 16 17 18 19 20 21 22 23 0 1 2 3 4 5 6 7 8 9 10 11 12 13 14 15 16 17 18 19 20 21 22 23 0
5月《がつ》29日《にち》
5月《がつ》30日《にち》
(時《じ》)

2020年《ねん》5月《がつ》29日《にち》午後《ごご》2時《じ》28分《ふん》、近畿大学《きんきだいがく》の公式《こうしき》アカウントが、グラウンドの鉄柱《てっちゅう》にネコが登《のぼ》って降《お》りられなくなったようすを、写真《しゃしん》をそえてSNSに投稿《とうこう》した。その後《ご》も、ネコが救助《きゅうじょ》されるまで写真《しゃしん》や動画《どうが》を流《なが》した。近畿大学《きんきだいがく》の当時《とうじ》のフォロワー数《すう》は約《やく》4万人《まんにん》。投稿直後《とうこうちょくご》はそれほど広《ひろ》がらなかったが、フォロワー数《すう》の多《おお》い人《ひと》が注目《ちゅうもく》して拡散《かくさん》したことで、急速《きゅうそく》にバズった。

もっと知《し》りたい

「バンドワゴン」は、パレードの先頭《せんとう》で楽隊《がくたい》が乗《の》る車《くるま》や馬車《ばしゃ》のこと。

04 ギャンブルやガチャへの課金《かきん》がやめられなくなる理由《りゆう》

ギャンブルをする人《ひと》や、ネットのゲームなどにお金《かね》を使《つか》っている人《ひと》のなかには、「ここでやめたら、これまでに費《つい》やしたお金《かね》や時間《じかん》がムダになってしまう」と思《おも》って、よけいにお金《かね》を使《つか》うことをやめられなくなる人《ひと》がいます。これを「サンクコスト効果《こうか》」もしくは「コンコルド効果《こうか》」といいます。

コンコルドは、1960年代《ねんだい》につくられた超音速旅客機《ちょうおんそくりょかっき》です。

コンコルド

ドイツのジンスハイム自動車《じどうしゃ》・技術《ぎじゅつ》博物館《はくぶつかん》に展示《てんじ》されているコンコルド

ものすごい速《はや》さで飛《と》ぶ飛行機《ひこうき》でしたが、騒音《そうおん》がひどい、燃料代《ねんりょうだい》が高《たか》すぎるなど、さまざまな理由《りゆう》から2003年《ねん》に運航《うんこう》を終《お》えました。

実《じつ》はコンコルドは、開発《かいはつ》の段階《だんかい》ですでに「失敗《しっぱい》するからつくらないほうがいい」といわれていました。しかし、すでに巨額《きょがく》のお金《かね》が動《うご》いていたため、途中《とちゅう》で開発《かいはつ》をやめられなかったのです。何事《なにごと》も、「過去《かこ》にどうしたか」ではなく、「将来《しょうらい》プラスになるかどうか」で判断《はんだん》して、迷《まよ》ったら引《ひ》き返《かえ》すことも大切《たいせつ》ですね。

もっと知《し》りたい

コンコルドは、通常《つうじょう》は7時間《じかん》ほどかかる距離《きょり》を3時間足《じかんた》らずで飛《と》べた。

やすみじかん

既読無視《きどくむし》はするより されるほうが気《き》が楽《らく》

メッセージをやりとりするアプリには、相《あい》手《て》に読《よ》まれると、送信《そうしん》した側《がわ》に「既読《きどく》」と表《ひょう》示《じ》されるものがあります。そして、「既読《きどく》」がついているのに相手《あいて》から返信《へんしん》がないことを、「既読無視《きどくむし》」や「既読《きどく》スルー」といったりします。

もちろん、メッセージを読《よ》んだからといって、必《かなら》ず返信《へんしん》をしなければならないルールはありません。それでも既読無視《きどくむし》をすると、すぐに返信《へんしん》しない自分《じぶん》のことを相手《あいて》がどう思《おも》うか、不安《ふあん》になってしまうものです。

左《ひだり》の実験《じっけん》を見《み》てみましょう。実《じつ》は、「既読無《きどくむ》視《し》をされた側《がわ》」は、「既読無視《きどくむし》をした側《がわ》」が心配《しんぱい》するほど、相手《あいて》のことを悪《わる》く思《おも》わないようです。

人《ひと》にはもともと、相手《あいて》の思《おも》うところを読《よ》みとろうとする心《こころ》のしくみがあります。しかし、SNSなどの顔《かお》が見《み》えないやりとりでは、相手《あいて》がどう思《おも》っているかを考《かんが》えすぎて、心《こころ》がつかれてしまうことがあります。返信《へんしん》するかどうか迷《まよ》ったら、思《おも》いきって返信《へんしん》しないのも1つの手《て》です。

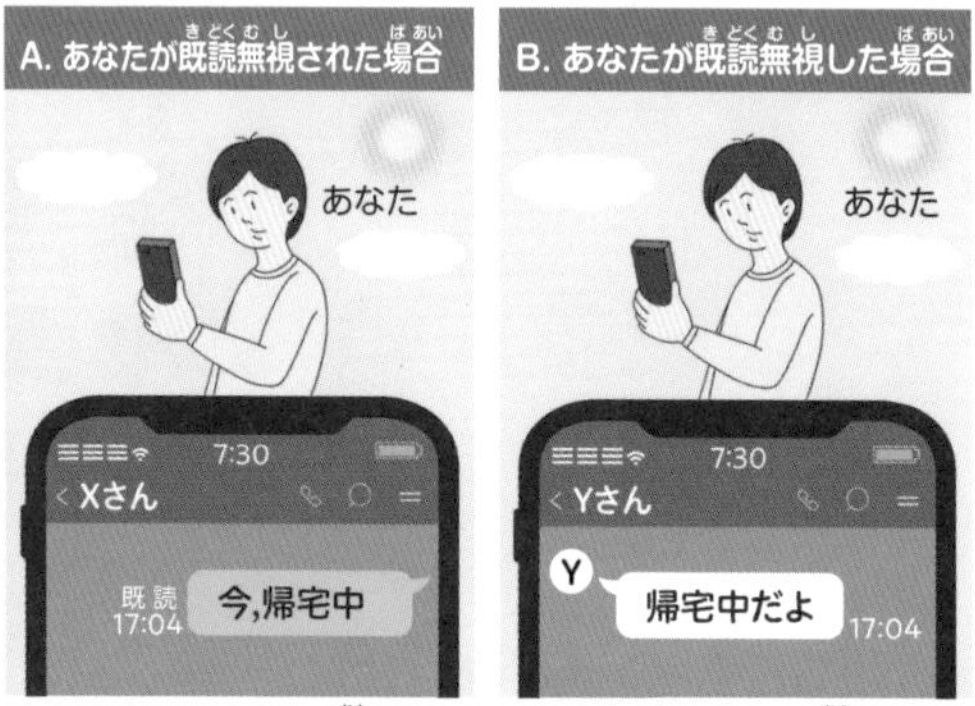
A. あなたが既読無視《きどくむし》された場合《ばあい》
あなた
7:30
< Xさん
既読
17:04
今,帰宅中
B. あなたが既読無視《きどくむし》した場合《ばあい》
あなた
7:30
< Yさん
Y
帰宅中だよ
17:04

あなたはXさんをどう思《おも》う?　Yさんはあなたをどう思《おも》っている?

AとBのそれぞれで、ア〜キを1（まったくそうは思《おも》わない）〜6（非常《ひじょう》にそう思《おも》う）で評価《ひょうか》

- ア. きまぐれな人《ひと》だ
- イ. きちょうめんな人《ひと》だ
- ウ. 性格《せいかく》が悪《わる》い人《ひと》だ
- エ. 自分勝手《じぶんかって》な人《ひと》だ
- オ. 不誠実《ふせいじつ》な人《ひと》だ
- カ. 親切《しんせつ》な人《ひと》だ
- キ. 空気《くうき》が読《よ》めない人《ひと》だ

Aでは、あなたがXさんに既読無視《きどくむし》されたときに、あなたがXさんをどう思《おも》うかを答《こた》える。Bでは、あなたがYさんのメッセージを既読無視《きどくむし》したときに、Yさんがあなたをどう思《おも》っているか想像《そうぞう》して答《こた》える。実験結果《じっけんけっか》のグラフを見《み》ると、既読無視《きどくむし》をされた場合《ばあい》（A）でも、相手《あいて》を「きちょうめん」「親切《しんせつ》」とポジティブに考《かんが》える割合《わりあい》が高《たか》い。一方《いっぽう》で、既読無視《きどくむし》をした場合《ばあい》（B）は、自分《じぶん》が「性格《せいかく》が悪《わる》い」「自分勝手《じぶんかって》」などネガティブに思《おも》われていると強《つよ》く考《かんが》えるようだ。

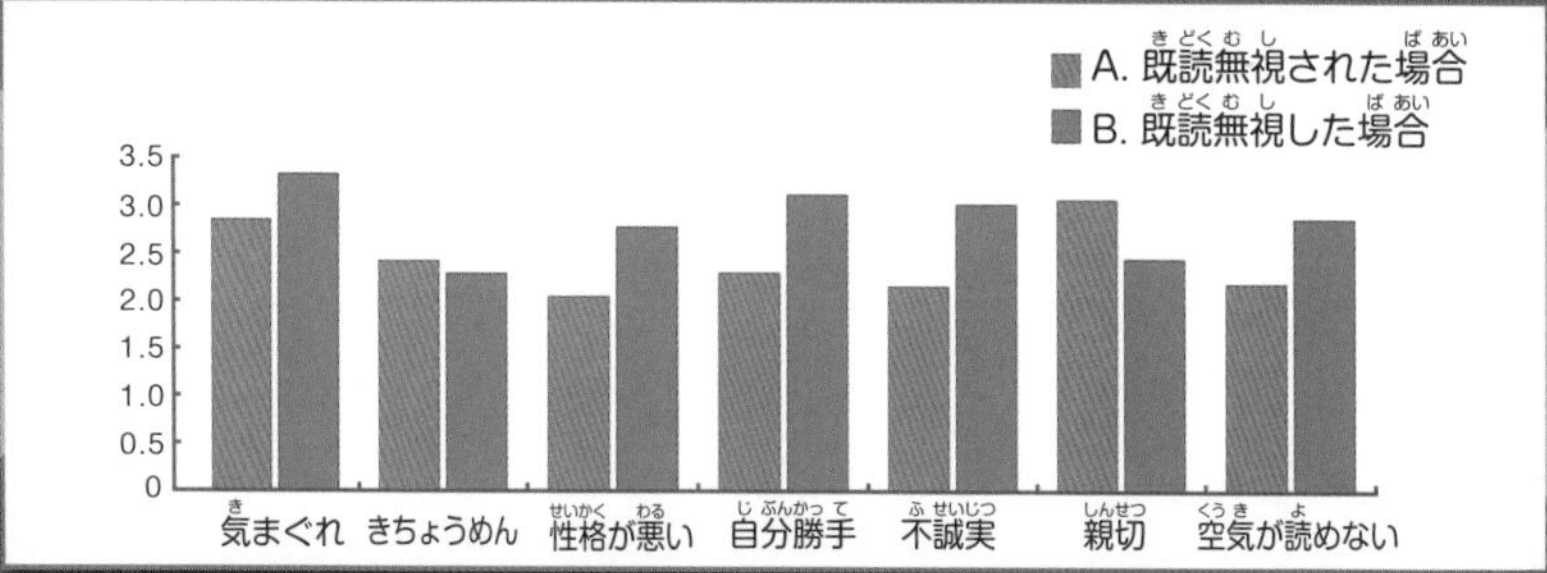
A. 既読無視《きどくむし》された場合《ばあい》
B. 既読無視《きどくむし》した場合《ばあい》
3.5
3.0
2.5
2.0
1.5
1.0
0.5
0
気《き》まぐれ
きちょうめん
性格《せいかく》が悪《わる》い
自分勝手《じぶんかって》
不誠実《ふせいじつ》
親切《しんせつ》
空気《くうき》が読《よ》めない

（大阪大学人間科学研究科《おおさかだいがくにんげんかがくけんきゅうか》・綿村英一郎准教授《わたむらえいいちろうじゅんきょうじゅ》の研究《けんきゅう》より）

05

頭《あたま》の中《なか》を整理《せいり》する力《ちから》で記憶力《きおくりょく》や集中力《しゅうちゅうりょく》が上《あ》がる

私《わたし》たちの脳《のう》には、「情報《じょうほう》をしばらくの間《あいだ》だけ記憶《きおく》しながら処理《しょり》する」しくみがあります。このしくみを「ワーキングメモリ」といいます。このしくみがうまくはたらいている間《あいだ》が、いわゆる「集中《しゅうちゅう》している」ときです。

いつでも集中《しゅうちゅう》できるようにするためには、集中《しゅうちゅう》に入《はい》るスイッチを見《み》つけるのがおすすめです。散歩《さんぽ》に行《い》く、炭酸水《たんさんすい》を飲《の》む、音楽《おんがく》を聞《き》くなど、「こうしたら自分《じぶん》は集中《しゅうちゅう》できる」という行動《こうどう》を見《み》つけて、くり返《かえ》してみましょう。自然《しぜん》の中《なか》に身《み》をおくことや、マインドフルネス（↓128ページ）にも集中力《しゅうちゅうりょく》を上《あ》げる効果《こうか》があるという研究《けんきゅう》もあります。

ただし、集中《しゅうちゅう》はそもそも途切《とぎ》れるようにできています。もし自然界《しぜんかい》で1つのことに集中《しゅうちゅう》していたら、敵《てき》に襲《おそ》われてしまうからです。集中《しゅうちゅう》が途切《とぎ》れてしまったときは、いったん休憩《きゅうけい》するのもありです。

ワーキングメモリのイメージ

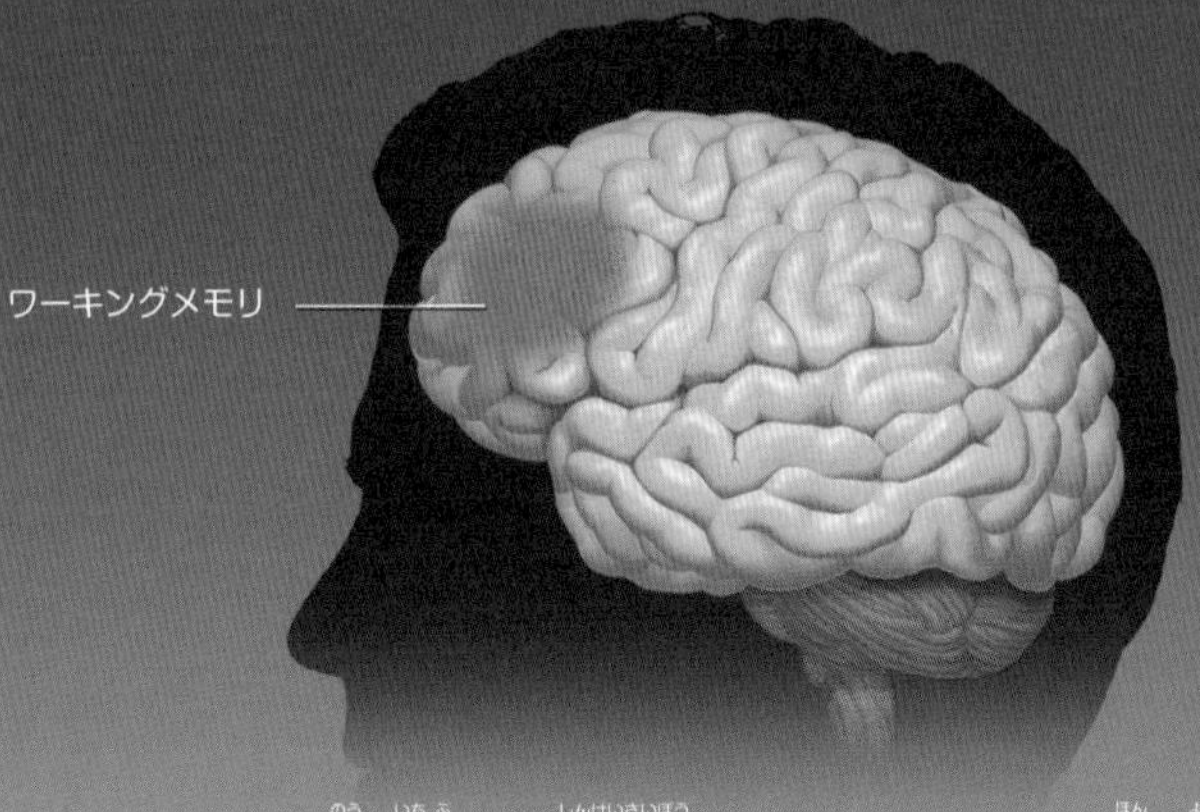
ワーキングメモリ

ワーキングメモリは、脳《のう》の一部《いちぶ》にある神経細胞《しんけいさいぼう》のネットワークだ。たとえば本《ほん》を読《よ》んでいるとき、読《よ》んだとたんに内容《ないよう》を忘《わす》れてしまっては、何《なに》を読《よ》んでいるかわからなくなるだろう。私《わたし》たちの脳《のう》は、本《ほん》に書《か》かれている情報《じょうほう》を理解《りかい》しながら、その情報《じょうほう》をしばらく記憶《きおく》している。この機能《きのう》をになうしくみがワーキングメモリだ。

18ページでおぼえたイラストと、右《みぎ》のイラストでは、どこがちがっているかな？
？

答《こた》えは、右下《みぎした》の果物《くだもの》の葉《は》の数《かず》。2枚《まい》のイラストを見《み》くらべればちがいはすぐわかるが、少《すこ》しでも時間《じかん》の間隔《かんかく》があくと、ちがいを見《み》つけにくくなってしまう。ワーキングメモリに情報《じょうほう》が上書《うわが》きされてしまうためだ。

もっと知《し》りたい

余計《よけい》なものを無視《むし》するときにもワーキングメモリは使《つか》われる。

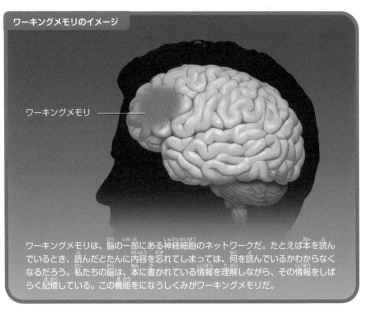

06 やる気《き》を出《だ》すにはどうすればいいの？

テストが近《ちか》いのに全然勉強《ぜんぜんべんきょう》する気《き》にならない。宿題《しゅくだい》があるのにだらだらしてしまう。どうしたら「やる気《き》」は出《で》るのでしょうか。

やる気《き》を出《だ》したいときにいちばん効果《こうか》があるのは、「目標《もくひょう》を細《こま》かく立《た》てること」です。たとえば、左《ひだり》のページの実験《じっけん》のように、問題集《もんだいしゅう》を「7回《かい》で42ページやろう」ではなく、「1回《かい》で最低《さいてい》6ページやろう」と目標《もくひょう》を立《た》てたほうが、やる気《き》が出《で》るようです。

こうした細《こま》かい目標《もくひょう》のことを「近接《きんせつ》目標《もくひょう》」といいます。近接目標《きんせつもくひょう》を達成《たっせい》できると、「自分《じぶん》はやればできる」と自《じ》信《しん》を持《も》つことができ、さらなるやる気《き》が湧《わ》いてくるものです。

ちなみに、どうしてもやる気《き》が出《で》ないときは、最初《さいしょ》の1問《もん》だけでも、とにかくやりはじめてみるとよいでしょう。やっているうちに、だんだんとやる気《き》が高《たか》まってくることもあるからです。これを「着手動機《ちゃくしゅどうき》づけ」といいます。

成績《せいせき》アップのコツだよ！

目標《もくひょう》は細《こま》かく分《わ》けるとうまくいく

算数《さんすう》が苦手《にがて》な子《こ》ども40人《にん》を集《あつ》め、42ページある問《もん》題集《だいしゅう》を7日《か》間《かん》で取《と》り組《く》んでもらう。

「1日最低《にちさいてい》6ページずつ」という目標《もくひょう》を設定《せってい》すると、7日《か》後《ご》には74%が最《さい》後《ご》までやりとげた。

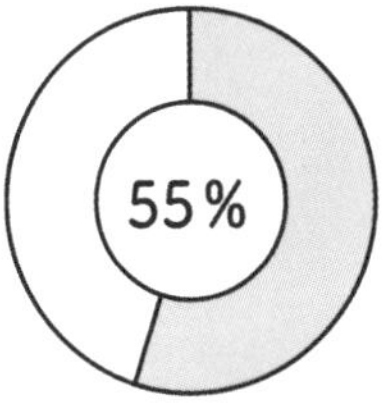

「7日《か》で42ページ」という目標《もくひょう》を設定《せってい》すると、7日《か》後《ご》には55%が最《さい》後《ご》までやりとげた。

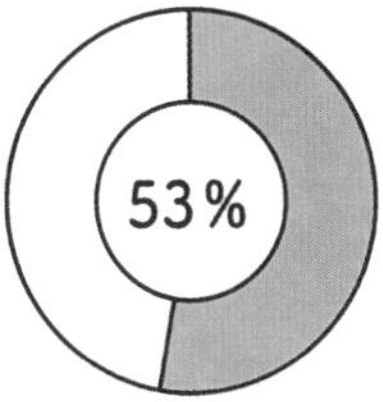

具体的《ぐたいてき》な目標《もくひょう》を設定《せってい》しないと、7日《か》後《ご》には53%が最《さい》後《ご》までやりとげた。

もっと知《し》りたい

目標《もくひょう》は人《ひと》に話《はな》さないほうがよい。話《はな》しただけで満足《まんぞく》し、達成《たっせい》しにくくなるため。

07 「ほめてのばす」は心理学《しんりがく》としては正解《せいかい》

前《まえ》のページで「やる気《き》」について触《ふ》れましたが、「親《おや》や先生《せんせい》にしかられてやる気《き》をなくした」と感《かん》じることはありませんか？　自分《じぶん》のことを「ほめられるとのびるタイプ」と思《おも》う人《ひと》もたくさんいるでしょう。

実《じつ》は、心理学《しんりがく》の実験《じっけん》によって、しかられるより、ほめられるほうが勉強《べんきょう》の成績《せいせき》はのびることがわかっています。ほめられるのがうれ

「ほめる」と「しかる」、どっちが効果的《こうかてき》？

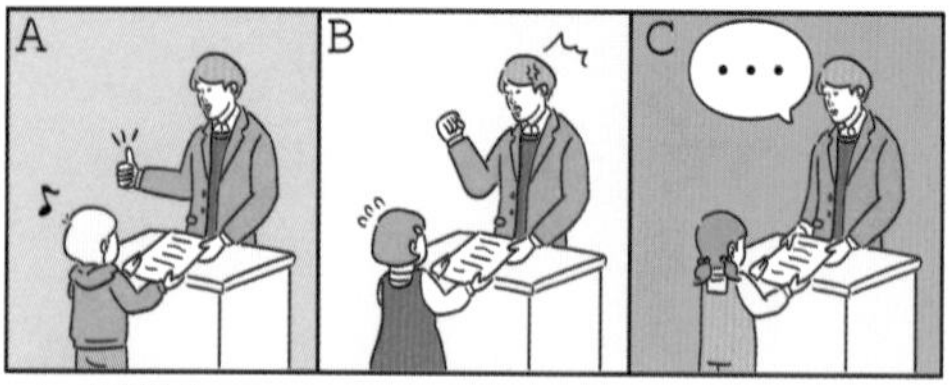

試験返却時《しけんへんきゃくじ》に、グループAはほめ、グループBはしかり、グループCには何《なに》もいわない。

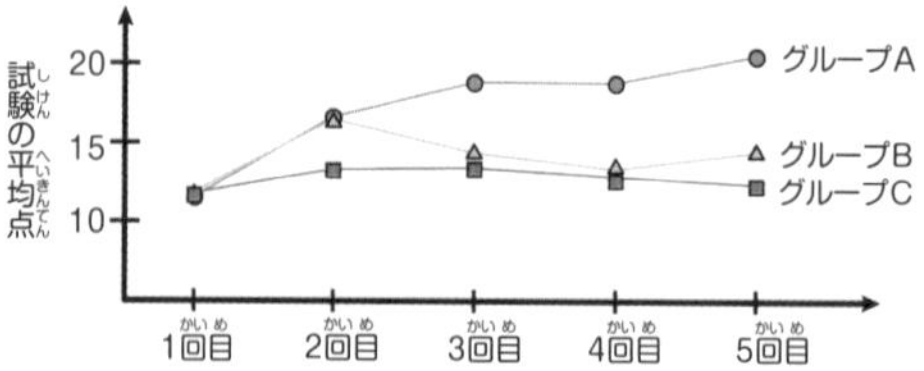

心理学者《しんりがくしゃ》ハーロックが行《おこな》った実験《じっけん》。9〜11歳《さい》の子《こ》どもたちに算数《さんすう》の試験《しけん》を受《う》けてもらう。その試験《しけん》を返却《へんきゃく》する際《さい》、グループAはほめ、グループBはしかり、グループCには何《なに》もいわない。これを5回《かい》くりかえすと、グループAは点数《てんすう》がのびていった。グループBは、2回目《かいめ》の試験《しけん》では点数《てんすう》がのびたが、その後《ご》はのび悩《なや》んだ。グループCはあまりのびなかった。

しくて勉強《べんきょう》しているうちに、だんだん「勉強《べんきょう》するのは自分《じぶん》にとって大切《たいせつ》なことだ」と気《き》づき、そのうち勉強《べんきょう》そのものが楽《たの》しくなることもあります。

さて、いい成績《せいせき》がとれたら、ごほうびが欲《ほ》しくなるものですね。でも、ごほうびを目当《めあ》てに勉強《べんきょう》していると、ごほうびがなくなったとたん、やる気《き》がなくなってしまうそうです。やる気《き》を出《だ》しつづけるには、人《ひと》から何《なに》かしてもらうのではなく、自分《じぶん》が楽《たの》しむことがいちばんなのです。

お金《かね》をあげたらやる気《き》が失《う》せた!?

1

A
248.2sec
B
213.9 sec

1日目《にちめ》は、そのままパズルに取《と》り組《く》んだ。

3

A
198.5 sec
B
241.8 sec

3日目《かめ》、グループAに「今日《きょう》は賞金《しょうきん》を用意《ようい》していない」と伝《つた》えた。

2

A
313.9 sec
B
205.7sec

2日目《かめ》、グループAには「パズルを解《と》いたら賞金《しょうきん》をあたえる」と伝《つた》えた。

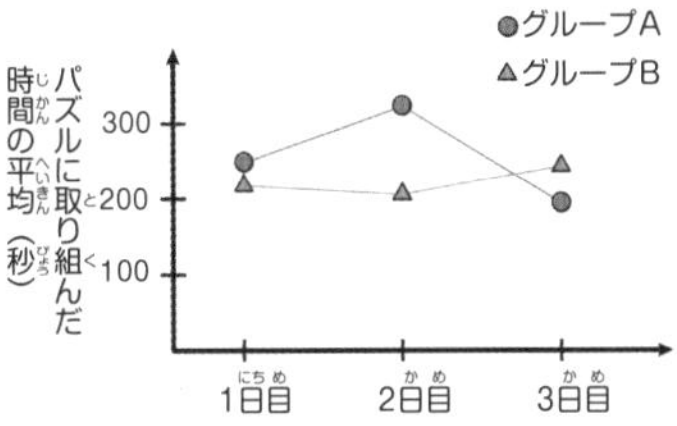
●グループA
▲グループB
パズルに取《と》り組《く》んだ時間《じかん》の平均《へいきん》（秒《びょう》）
300
200
100
1日目《にちめ》
2日目《かめ》
3日目《かめ》

心理学者《しんりがくしゃ》デシが行《おこな》った実験《じっけん》。3日間《かかん》にわたって大学生《だいがくせい》にパズルをやってもらった。グループAには、2日目《かめ》だけ、解《と》いたパズルの数《かず》に応《おう》じて賞金《しょうきん》をあたえた。すると、2日目《かめ》にはパズルをたくさんやったが、賞金《しょうきん》をもらえなくなった3日目《かめ》にはパズルをやる時間《じかん》が短《みじか》くなった。

もっと知《し》りたい

行動《こうどう》すること自体《じたい》が楽《たの》しくて生《う》まれるやる気《き》は、長《なが》くつづきやすい。

08 相手《あいて》にお願《ねが》いごとをきいてもらうためのコツ

人《ひと》の心《こころ》のしくみを知《し》っていると、頼《たの》みごとをきいてもらいやすくなるかもしれません。

まず試《ため》したいのが、「先《さき》に小《ちい》さなお願《ねが》いをきいてもらってから本《ほん》命《めい》の大《おお》きなお願《ねが》いをする」という方法《ほうほう》です。これは、「自分《じぶん》の行動《こうどう》には一貫性《いっかんせい》を保《たも》ちたい」という人《ひと》の心《こころ》のしくみを利用《りよう》しています。つまり相手《あいて》は、「前回《ぜんかい》も頼《たの》みごとをきいてあげたのだから、今回《こんかい》も

小《ちい》さなお願《ねが》いを受《う》け入《い》れると大《おお》きなお願《ねが》いも受《う》け入《い》れてしまう

安全運転
安全運転
OK
…OK

車《くるま》にステッカーを貼《は》ってもらってから、看板《かんばん》の設置《せっち》を依頼《いらい》した。

76.0%

ステッカーを貼《は》ってくれた人《ひと》のうち、76.0%が看板《かんばん》を設置《せっち》した。

心理学者《しんりがくしゃ》フリードマンとフレージャーが行《おこな》った実験《じっけん》。「安全運転《あんぜんうんてん》」と書《か》かれた看板《かんばん》を玄関先《げんかんさき》に設置《せっち》させてほしいとお願《ねが》いすると、16.7%しか承諾《しょうだく》しなかった。一方《いっぽう》、「安全運転《あんぜんうんてん》」と書《か》かれたステッカーを自家用車《じかようしゃ》に貼《は》りつけてほしいというお願《ねが》いを承諾《しょうだく》してもらったあとに、後日《ごじつ》あらためて看板《かんばん》の設置《せっち》をお願《ねが》いすると、76.0%が承諾《しょうだく》した。

家《いえ》に看板《かんばん》を設置《せっち》するのはハードル高《たか》いよな
安全運転《あんぜんうんてん》は大事《だいじ》だけど

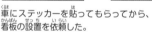

きいてあげるべきだ」と考《かんが》えるのです。

さらにレベルが高《たか》いのは、「最《さい》初《しょ》にお願《ねが》いを承諾《しょうだく》してもらったあとで、条件《じょうけん》をかえたり、付《つ》け加《くわ》えたりする」という方法《ほうほう》です。これも「一度《いちど》OKしたのだから、いまさら断《ことわ》れない」という心《こころ》のしくみを利用《りよう》しています。

ただし、これらはやりすぎると、かえって相手《あいて》からの印象《いんしょう》が悪《わる》くなります。相手《あいて》の気持《きも》ちも考《かんが》えながら、ここぞというときに試《ため》すようにしましょう。

いったんお願《ねが》いを承諾《しょうだく》するとことわりづらい

「金銭的報酬《きんせんてきほうしゅう》を支払《しはら》う」といわれたが、後《あと》で同《おな》じ人《ひと》から「報《ほう》酬《しゅう》は支払《しはら》えなくなった」といわれた。

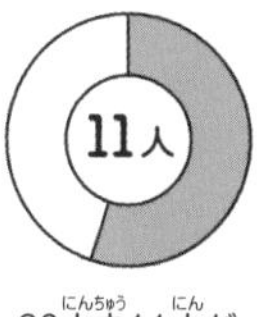

20人中《にんちゅう》11人《にん》が参加《さんか》した。

「金銭的報酬《きんせんてきほうしゅう》を支払《しはら》う」といわれたが、後《あと》で別《べつ》の人《ひと》から「報《ほう》酬《しゅう》は支払《しはら》えなくなった」といわれた。

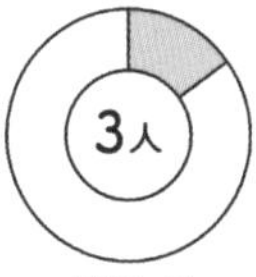

20人中《にんちゅう》3人《にん》が参加《さんか》した。

心理学者《しんりがくしゃ》バーガーが行《おこな》った実験《じっけん》。グループAとBは、「金銭的報酬《きんせんてきほうしゅう》を支払《しはら》う」といわれ、後《あと》で「金《きん》銭的報酬《せんてきほうしゅう》は支払《しはら》えなくなった」といわれた。「支払《しはら》う」といった人《ひと》と同《おな》じ人《ひと》から「支払《しはら》えない」といわれたグループAは、別《べつ》の人《ひと》からいわれたグループBよりも、参加《さんか》をことわる人《ひと》が少《すく》なかった。

もっと知《し》りたい

ここで紹介《しょうかい》したお願《ねが》いのしかたは、セールスなどにも使《つか》われている。

やすみじかん

ききかたしだいで相手《あいて》の答《こた》えがかわる

左《ひだり》で紹介《しょうかい》しているのは、1981年《ねん》に発表《はっぴょう》された心理学《しんりがく》の実験《じっけん》です。

ある質問《しつもん》に対《たい》して、「枠組《わくぐ》み1」と「枠組《わくぐ》み2」の選択肢《せんたくし》があります。この2つの枠組《わくぐ》みをよく読《よ》むと、実《じつ》はAとC、BとDは、同《おな》じことをいっているのがわかります。

しかし、実験《じっけん》では「枠組《わくぐ》み1」と「枠組《わくぐ》み2」で答《こた》えが分《わ》かれました。同《おな》じ内容《ないよう》でも、「枠組《わくぐ》み1」は「助《たす》かる」というポジティブな表現《ひょうげん》で、「枠組《わくぐ》み2」は「死亡《しぼう》する」というネガティブな表現《ひょうげん》が使《つか》われていたためと考《かんが》えられます。

このように、同《おな》じ内容《ないよう》でも、ききかたによって答《こた》えがかわることがあります。これを「フレーミング効果《こうか》」といいます。

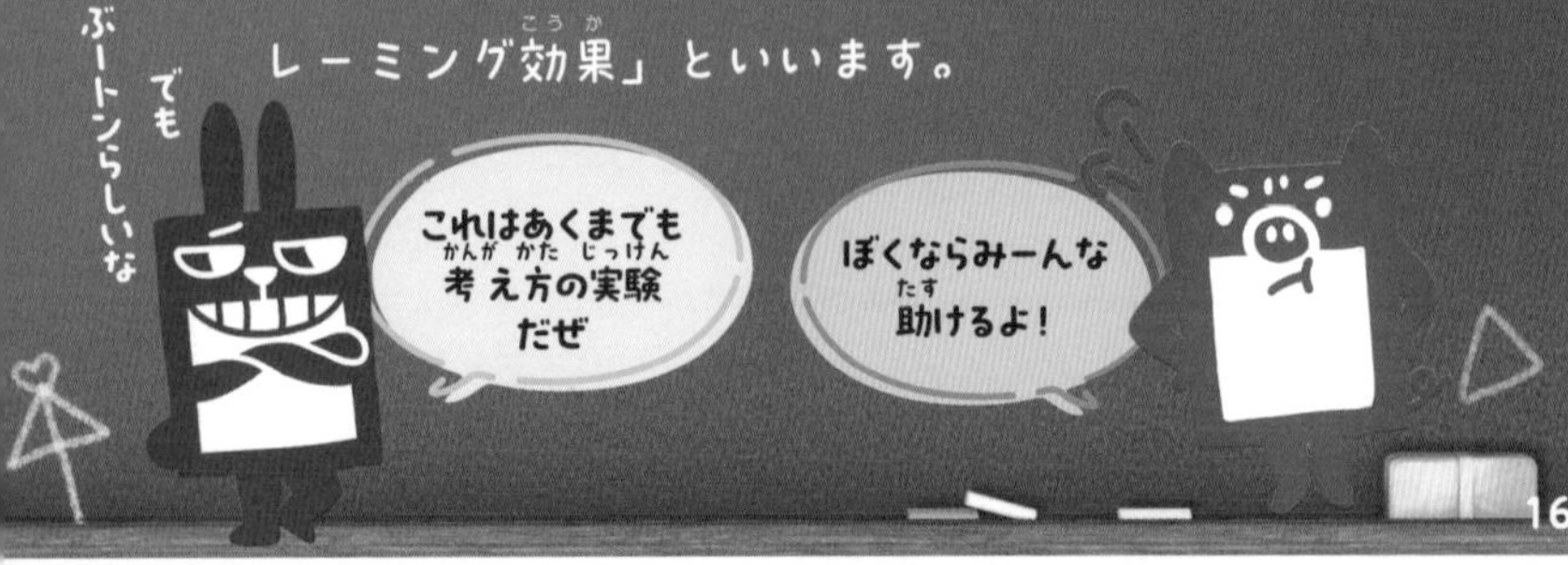

でもぶートンらしいな
これはあくまでも考《かんが》え方《かた》の実験《じっけん》だぜ
ぼくならみーんな助《たす》けるよ!

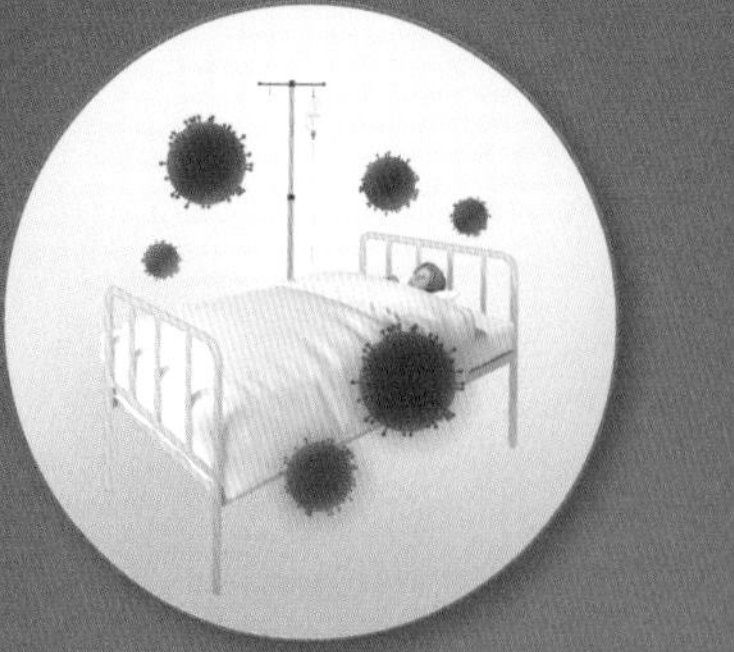

【質問《しつもん》】

ある病気《びょうき》の流行《りゅうこう》が予想《よそう》されており、600人《にん》が死亡《しぼう》する見通《みとお》しとなっています。その対策《たいさく》として2種類《しゅるい》のプログラムが考《かん》えられました。あなたはどちらのプログラムに賛成《さんせい》ですか？

アメリカの心理学者《しんりがくしゃ》トヴァスキーらが行《おこな》った実験《じっけん》。参加者《さんかしゃ》たちに架空《かくう》の病気《びょうき》への対策《たいさく》としてAとBを示《しめ》し、どちらに賛成《さんせい》するかを選《えら》んでもらった(枠組《わくぐ》み1)。次《つぎ》に、別《べつ》の参加者《さんかしゃ》たちに同《おな》じ質問《しつもん》をして、CとDを選《えら》んでもらった(枠組《わくぐ》み2)。実験《じっけん》の結果《けっか》、枠組《わくぐ》み1では72%がAを選《えら》んだ。ところが枠組《わくぐ》み2では、同《おな》じ内容《ないよう》のCを選《えら》んだ人《ひと》は22%しかいなかった。

枠組《わくぐ》み1（質問《しつもん》の表現《ひょうげん》がポジティブ）

どちらのプログラムに賛成《さんせい》ですか？

A. 200人《にん》が助《たす》かる

B. 3分《ぶん》の1の確率《かくりつ》で600人《にん》が助《たす》かるが、3分《ぶん》の2の確率《かくりつ》で誰《だれ》も助《たす》からない

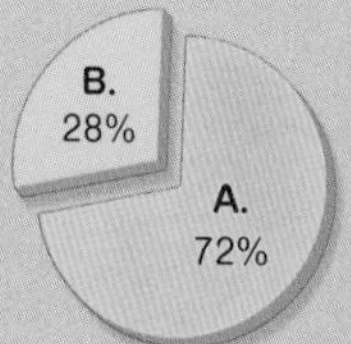

枠組《わくぐ》み2（質問《しつもん》の表現《ひょうげん》がネガティブ）

どちらのプログラムに賛成《さんせい》ですか？

C. 400人《にん》が死亡《しぼう》する

D. 3分《ぶん》の1の確率《かくりつ》で誰《だれ》も死亡《しぼう》しないが、3分《ぶん》の2の確率《かくりつ》で600人《にん》が死亡《しぼう》する

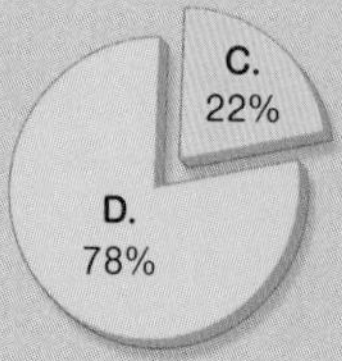

09 限定品《げんていひん》が欲《ほ》しくなってしまうのはなぜ？

お店《みせ》で、「今《いま》しか買《か》えない」「期間限定《きかんげんてい》」などと書《か》かれた品物《しなもの》を見《み》ると、そんなに欲《ほ》しいものでなくても、つい買《か》ってしまいたくなりませんか？ このとき、私《わたし》たちの心《こころ》には「希少性《きしょうせい》の原理《げんり》」というしくみがはたらいています。「少《すく》ないもの」「貴重《きちょう》なもの」は、なぜか「良《よ》いもの」に見《み》えるのです。

さて、少《すこ》し別《べつ》の話《はなし》になりますが、人《ひと》から「ダメ」といわれると、かえってやりたくなることがありますね。このように、人《ひと》の指示《しじ》に対《たい》して、あえて逆《ぎゃく》の行動《こうどう》をおこしたくなる心《こころ》の状態《じょうたい》を「心理的《しんりてき》リアクタンス」といいます。

心理的《しんりてき》リアクタンスは、期間限定品《きかんげんていひん》を買《か》うときにも影響《えいきょう》します。「今《いま》しか買《か》えない」のは、「（今以外《いまいがい》は）買《か》ってはダメ」といわれているようなもの。だからかえって欲《ほ》しくなるのです。さらに、希少性《きしょうせい》の原理《げんり》もはたらくため、私《わたし》たちはつい買《か》ってしまうというわけです。

ぼくもその実験《じっけん》やります！

クッキー食《た》べた〜い

1

大学生《だいがくせい》146人《にん》を集《あつ》める。

2

クッキーが2個《こ》入《はい》ったびんから1つ食《た》べてもらう。

クッキーが10個《こ》入《はい》ったびんから1つ食《た》べてもらう。

3

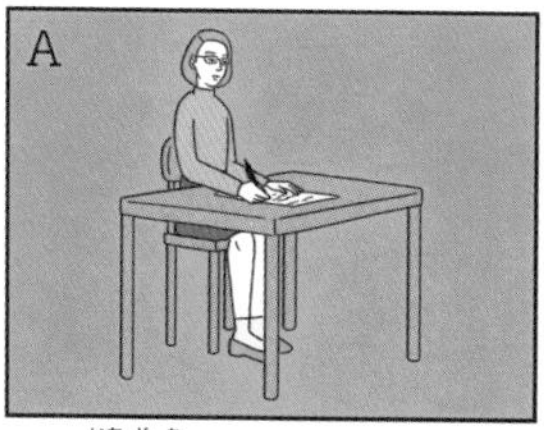

「もう一度《いちど》食《た》べたいか」「クッキーは魅力的《みりょくてき》だったか」「値段《ねだん》をつけるとしたら何《なん》セントか」を答《こた》えてもらう。

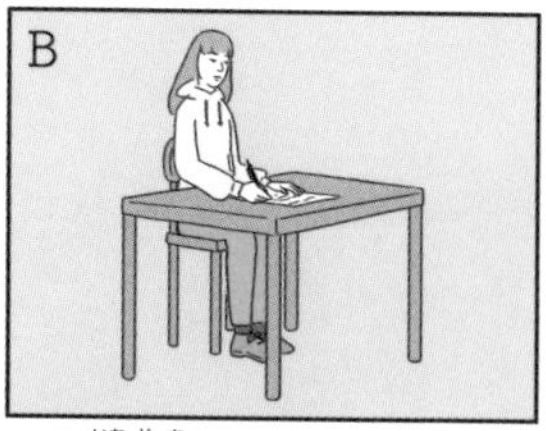

「もう一度《いちど》食《た》べたいか」「クッキーは魅力的《みりょくてき》だったか」「値段《ねだん》をつけるとしたら何《なん》セントか」を答《こた》えてもらう。

4

	グループA	グループB
もう一度《いちど》食《た》べたいか	4.40	5.46
魅力的《みりょくてき》だったか	4.40	5.73
値段《ねだん》は何《なん》セントか	56.2	45.8

グループAのほうが、クッキーを高《たか》く評価《ひょうか》した。

数《かず》が少《すく》ないとほしくなる

クッキーが2個《こ》しか入《はい》っていないびんからクッキーを食《た》べた人《ひと》と、10個《こ》入《はい》っているびんから食《た》べた人《ひと》では、2個《こ》しか入《はい》っていないびんから食《た》べた人《ひと》のほうがクッキーを高《たか》く評価《ひょうか》した（「もう一度《いちど》食《た》べたいか」「魅力的《みりょくてき》だったか」は、数《かず》が小《ちい》さいほど高評価《こうひょうか》）。

もっと知《し》りたい

心理的《しんりてき》リアクタンスは、「何《なに》かをする自由《じゆう》がうばわれる」と感《かん》じたときにおこる。

10 「考《かん》えないようにしよう」は考《かん》えてしまう

考《かん》えないようにしようとすると、かえってそのことばかり考《かん》えてしまうことはありませんか。たとえば「やせたいから、甘《あま》いものはガマンしよう」と思《おも》うと、かえってお菓子《かし》のことばかり考《かん》えてしまいます。

左《ひだり》のページで紹介《しょうかい》しているのは、「シロクマについて考《かん》えないようにする」という実験《じっけん》です。結果《けっか》を見《み》ると、シロクマについて考《かん》えるのをいったんガマンしたあとでは、かえってシロクマについてたくさん考《かん》えてしまったようです。

なぜこのようなことがおこるかというと、「シロクマについて考《かん》えない」ためには、逆《ぎゃく》に、頭《あたま》の中《なか》にずっとシロクマを置《お》いておかなければならないからです。この心《こころ》のしくみを「皮肉過程《ひにくかてい》理論《りろん》」といいます。

これを防《ふせ》ぐには、「考《かん》えないようにする」ではなく、「ほかのことを考《かん》える」のが効果的《こうかてき》です。

「シロクマについて考《かんが》えないでください」

グループA
1
2

「シロクマについて考《かんが》えてください」といわれる。

①のあとに、「シロクマについて考《かんが》えないでください」といわれる。

シロクマが頭《あたま》から
はなれないぞ～

グループB
3
4

「シロクマについて考《かんが》えないでください」といわれる。

③のあとに、「シロクマについて考《かんが》えてください」といわれる。

アメリカの心理学者《しんりがくしゃ》ダニエル・ウェグナーが行《おこな》った実験《じっけん》。Aは「シロクマについて考《かんが》える」ようにいわれた(1)。その後《ご》、「シロクマについて考《かんが》えない」ようにいわれた(2)。Bは、はじめに「シロクマについて考《かんが》えない」ようにいわれ(3)、その後《ご》「シロクマについて考《かんが》える」ようにいわれた(4)。1～4はすべて5分間《ふんかん》で、その間《あいだ》に参加《さんか》者《しゃ》がシロクマについて考《かんが》えた回数《かいすう》を測定《そくてい》した。結果《けっか》は4のときにもっともシロクマについて考《かんが》えた。

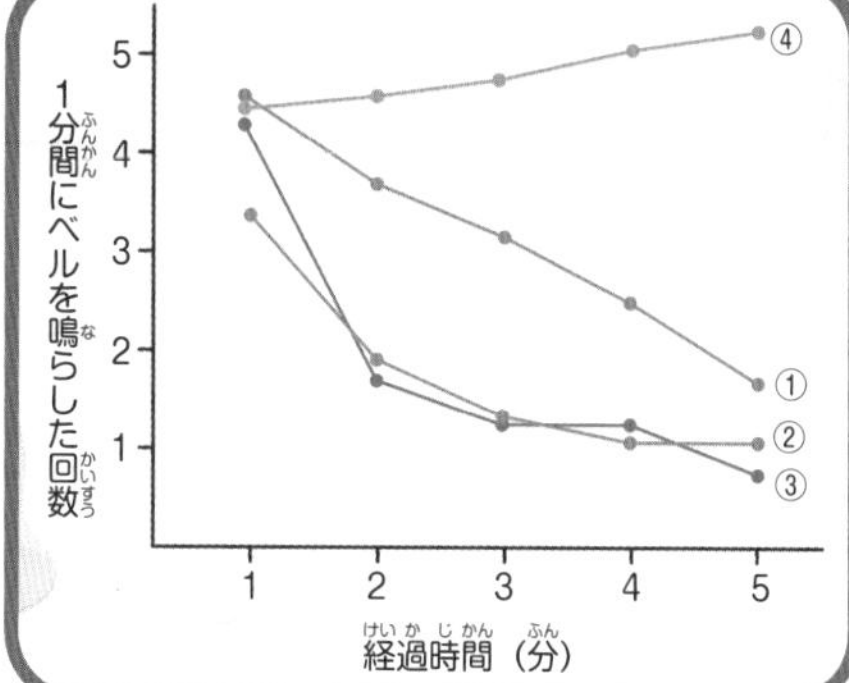

1分間《ふんかん》にベルを鳴《な》らした回数《かいすう》
5
4
3
2
1
1
2
3
4
5
経過時間《けいかじかん》（分《ふん》）
④
①
②
③

※:Wegner, Daniel M.,Schneider, David J.,Carter, Samuel R.,White, Teri L.(1987), Paradoxical effects of thought suppression. Journal of Personality and Social Psychology, 53(1), 5-13

もっと知《し》りたい

この実験《じっけん》では、「赤《あか》い車《くるま》」について考《かんが》えると、シロクマについて考《かんが》える回数《かいすう》が減《へ》った。

やすみじかん

ダイエットの決心《けっしん》はゆらぐ

甘《あま》いものが好《す》きな人《ひと》にとって、ダイエットするのは大変《たいへん》なことです。冷蔵庫《れいぞうこ》にケーキが入《はい》っていたら、決心《けっしん》はすぐにゆらいでしまうでしょう。

私《わたし》たちはなぜ、目《め》の前《まえ》の誘惑《ゆうわく》に弱《よわ》いのでしょうか。それは、いくら強《つよ》い決心《けっしん》をしても、その時々《ときどき》で「価値《かち》が大《おお》きいほうを選《えら》んでしまう」からです。つまり、ダイエットを決心《けっしん》したときは、ケーキよりも「やせてカッコよくなった自分《じぶん》」のほうに価値《かち》があると考《かんが》えますが、いざケーキを目《め》の前《まえ》にすると、ケーキのほうが自分《じぶん》にとって価値《かち》が大《おお》きくなってしまうのです。

「a.今日《きょう》ケーキを1つもらう」と「b.明日《あす》ケーキを2つもらう」という選択肢《せんたくし》があると、aを選《えら》ぶ人《ひと》が多《おお》い。

早《はや》く食《た》べる?
ふえるのを待《ま》つ?
×
○
a. 今日《きょう》ケーキを1つもらう
b. 明日《あす》ケーキを2つもらう
aを選ぶ人が多い

明日《あす》のケーキより今日《きょう》のケーキだよね!

しかし、「ガマンする心《こころ》」、すなわち「自制《じせい》心《しん》」をもつことは、社会《しゃかい》を生《い》きていくうえでかかせません。自制心《じせいしん》はきたえることができます。154ページで紹介《しょうかい》したように細《こま》かい目《もく》標《ひょう》を立《た》てたり、前《まえ》のページで紹介《しょうかい》したように何《なに》か別《べつ》のことを考《かんが》えることで、自分《じぶん》なりの「ガマンする力《ちから》」を身《み》につけられるといいですね。

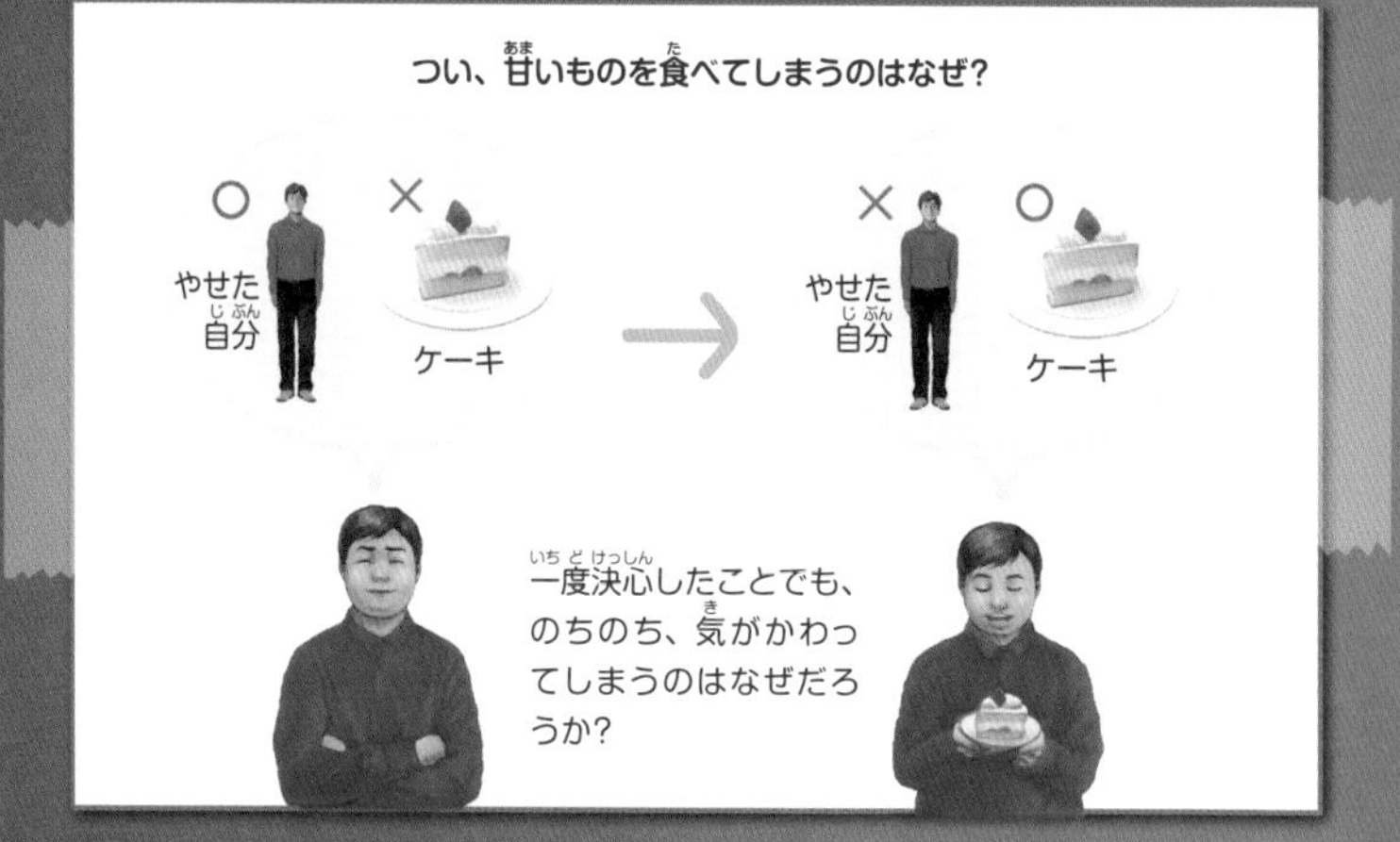

つい、甘《あま》いものを食《た》べてしまうのはなぜ?
○
やせた
自分《じぶん》
×
ケーキ
×
やせた
自分《じぶん》
○
ケーキ
一度決心《いちどけっしん》したことでも、
のちのち、気《き》がかわっ
てしまうのはなぜだろ
うか?

ダイエットをしようと決心《けっしん》したとき、私《わたし》たちは将来《しょうらい》のやせた自分《じぶん》の価値《かち》（青《あお》い線《せん》）のほうが、ケーキの価値《かち》（赤《あか》い線《せん》）より大《おお》きいと考《かんが》えている。しかし、ケーキを目《め》の前《まえ》にすると、ケーキの価値《かち》が、やせた自分《じぶん》の価値《かち》を上《うわ》まわり、心《こころ》がわりしてしまう。

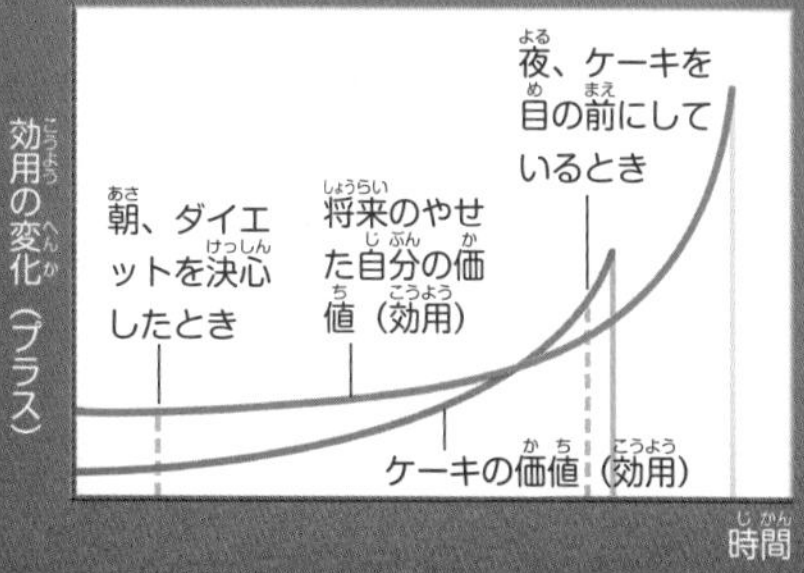

効用《こうよう》の変化《へんか》（プラス）
朝《あさ》、ダイエットを決心《けっしん》したとき
将来《しょうらい》のやせた自分《じぶん》の価《か》値《ち》（効用《こうよう》）
夜《よる》、ケーキを目《め》の前《まえ》にしているとき
ケーキの価値《かち》（効用《こうよう》）
時間《じかん》

11 これは恋《こい》のドキドキ？ 恐怖《きょうふ》のドキドキ？

好《す》きな人《ひと》と一緒《いっしょ》にいると、心臓《しんぞう》がドキドキするものですね。「楽《たの》しい」「ワクワクする」といった感情《かんじょう》と、心拍数《しんぱくすう》の上昇《じょうしょう》には深《ふか》い関係《かんけい》があります。

その一方《いっぽう》で、ホラー映画《えいが》などを見《み》て「怖《こわ》い」と感《かん》じたときにもドキドキしますよね。このように、同《おな》じ「心拍数《しんぱくすう》が上昇《じょうしょう》する」という体《からだ》の変化《へんか》がおきても、それにともなう感情《かんじょう》は、周囲《しゅうい》の状況《じょうきょう》やできごとによってかわってきます。つまり、「好《す》きな人《ひと》だからいっしょにいるとドキドキする」と考《かんが》えるのがふつうですが、「この人《ひと》といっしょにいるとなぜかドキドキするのは、好《す》きだから？」という順番《じゅんばん》で考《かんが》えることもあるのです。

だから、気《き》になる人《ひと》をデートに誘《さそ》う行《い》き先《さき》として、お化《ば》け屋敷《やしき》や脱出《だっしゅつ》ゲームなどを選《えら》ぶのは理《り》にかなっています。「こわい」「びっくり」によるドキドキを、相手《あいて》が恋《こい》のドキドキとかんちがいしてくれるかもしれないからです。

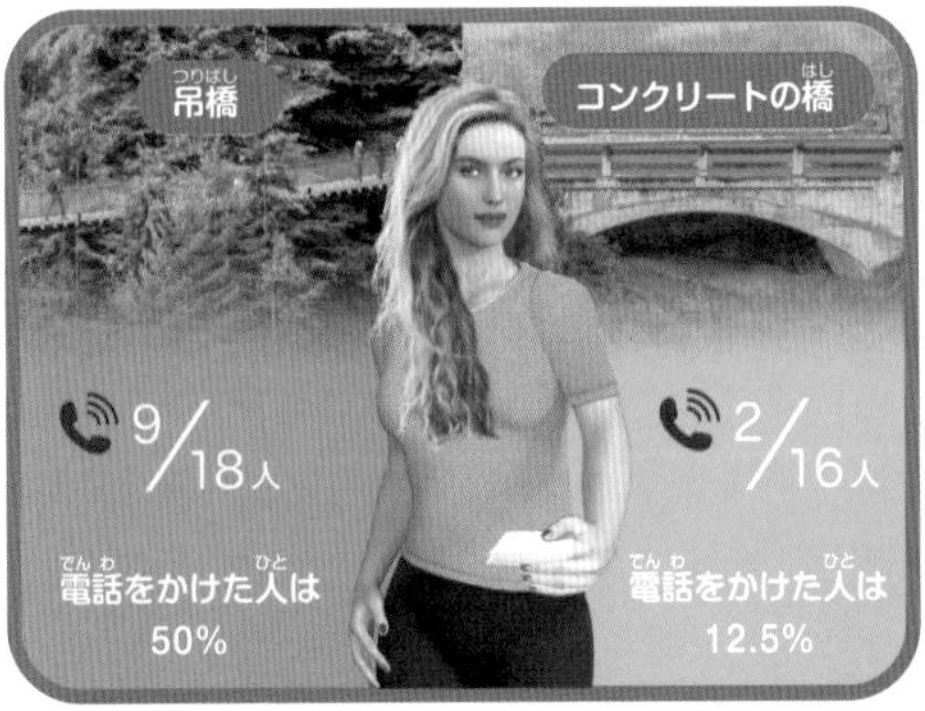

吊橋《つりばし》
コンクリートの橋《はし》
9/18人
電話《でんわ》をかけた人《ひと》は
50%
2/16人
電話《でんわ》をかけた人《ひと》は
12.5%

吊橋《つりばし》の実験《じっけん》

吊橋《つりばし》を1人《ひとり》で渡《わた》ってきた男性《だんせい》のところに女性《じょせい》がやってきて、簡単《かんたん》なアンケートを行《おこな》う。アンケートに回答後《かいとうご》、「結果《けっか》が知《し》りたければ、連絡《れんらく》して」と、女性《じょせい》が男性《だんせい》に電話番号《でんわばんごう》を渡《わた》す。すると男性《だんせい》の半数《はんすう》が電話《でんわ》をかけた。一方《いっぽう》、この実験《じっけん》を低《ひく》くて安全《あんぜん》なコンクリートの橋《はし》で行《おこな》うと、ほとんどの男性《だんせい》は電話《でんわ》をかけなかった。

ランニングの実験《じっけん》

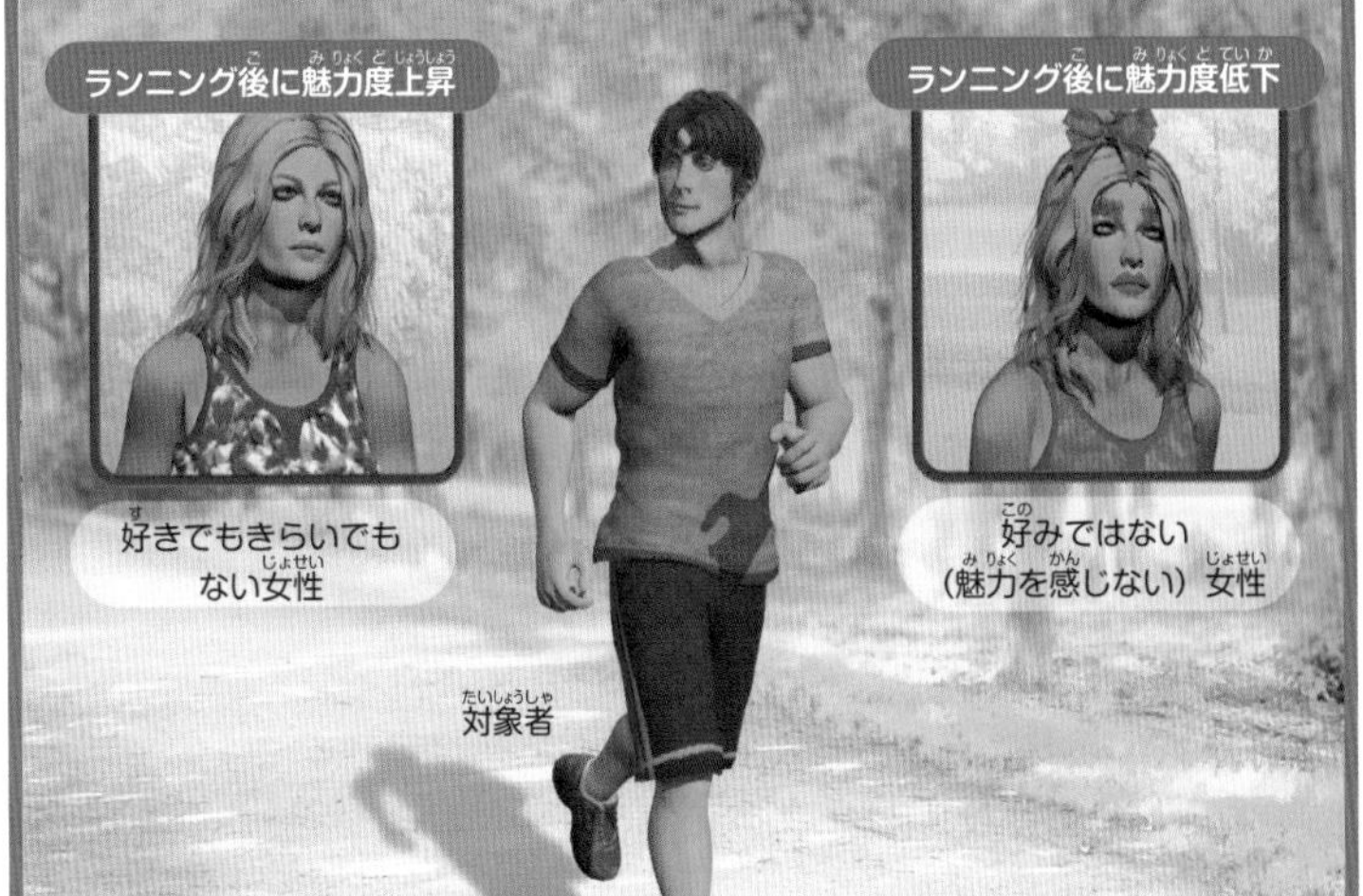

ランニング後《ご》に魅力度上昇《みりょくどじょうしょう》
ランニング後《ご》に魅力度低下《みりょくどていか》
好《す》きでもきらいでもない女性《じょせい》
好《この》みではない（魅力《みりょく》を感《かん》じない）女性《じょせい》
対象者《たいしょうしゃ》

ホワイトらによる1981年《ねん》の実験《じっけん》では、男性《だんせい》に2分間《ふんかん》ランニングをしてもらい、心拍数《しんぱくすう》が上《あ》がる状況《じょうきょう》をつくった。男性《だんせい》にはランニングの前後《ぜんご》で女性《じょせい》が映《うつ》っている映像《えいぞう》を見《み》てもらい、魅力度《みりょくど》を点数《てんすう》化《か》してもらう。

するとランニング後《ご》に、女性《じょせい》の魅力《みりょく》度《ど》が高《たか》くなった。しかし化粧《けしょう》や髪《かみ》型《がた》、服装《ふくそう》によってわざと魅力《みりょく》を感《かん》じさせないようにした女性《じょせい》（右側《みぎがわ》）に対《たい》しては、ランニング後《ご》に男性《だんせい》が感《かん》じる魅力度《みりょくど》が下《さ》がった。

もっと知《し》りたい

恋《こい》のワクワクなど、急激《きゅうげき》にわきおこってはしぼむ感情《かんじょう》を、心理学《しんりがく》では「情動《じょうどう》」という。

12 相手《あいて》のしぐさをまねすると好感度《こうかんど》アップ

心理学《しんりがく》では人《ひと》の心《こころ》をあやつることはできませんが、ここでは少《すこ》しだけ恋《こい》のアドバイスを紹介《しょうかい》します。実《じつ》は、好《す》きな人《ひと》にふりむいてもらえるかもしれない、とっておきの方法《ほうほう》が2つあります。

1つ目《め》は、とにかく毎日会《まいにちあ》って話《はな》すこと。これは140ページで紹介《しょうかい》した「単純接触効果《たんじゅんせっしょくこうか》」、つまり「何度《なんど》も見《み》たものは好《す》きになってしまいやすい」という心《こころ》のしくみを利用《りよう》しています。ただし、しつこくすると、ただのストーカーになってしまうので注意《ちゅうい》です。

2つ目《め》は、相手《あいて》の話《はな》しかたや、身《み》ぶり手《て》ぶりをまねすることです。自分《じぶん》と行動《こうどう》が似《に》ている人《ひと》には、親《した》しみを感《かん》じやすくなるためです。これを「ミラーリング効果《こうか》」といいます。もちろん、相手《あいて》をおこらせてしまうので、わざとらしくまねをしてはいけません。同《おな》じタイミングでうなずく、同《おな》じ表情《ひょうじょう》をするなど、相手《あいて》の仕草《しぐさ》や行動《こうどう》の一部《いちぶ》をさりげなく取《と》り入《い》れるのがポイントです。

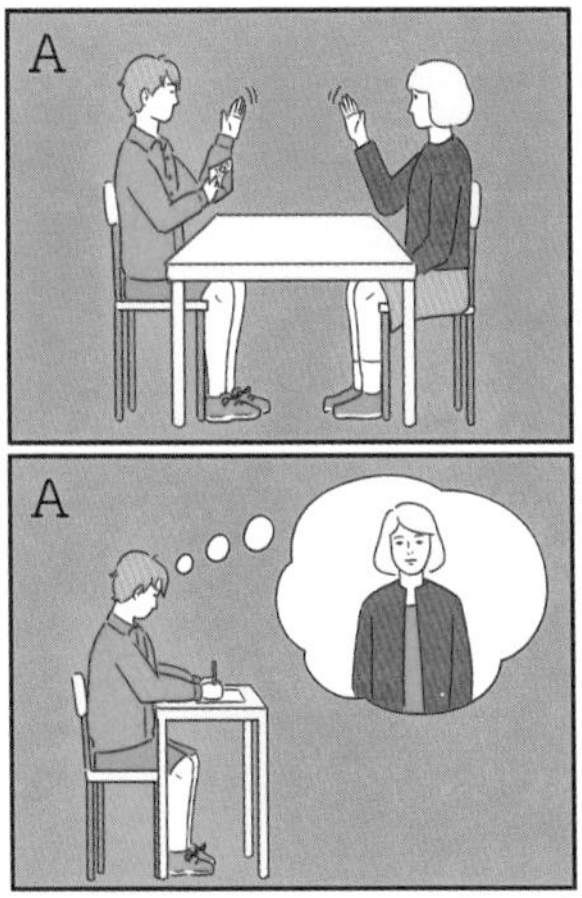

ペアとなる実験補助者《じっけんほじょしゃ》は、参加者《さんかしゃ》に合《あ》わせたジェスチャーを行《おこな》う。その後《ご》、参加者《さんかしゃ》は「相手《あいて》への好感度《こうかんど》」と「実験《じっけん》のスムーズさ」を1～9で評価《ひょうか》する。

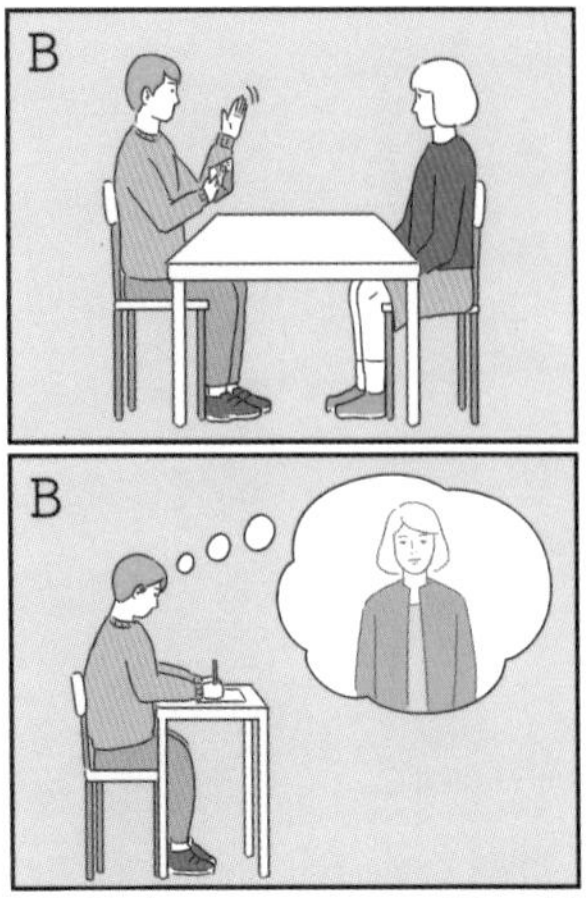

実験補助者《じっけんほじょしゃ》はジェスチャーに対《たい》して特別《とくべつ》な反応《はんのう》はしない。その後《ご》、参加者《さんかしゃ》は「相手《あいて》への好感度《こうかんど》」と「実験《じっけん》のスムーズさ」を1～9で評価《ひょうか》する。

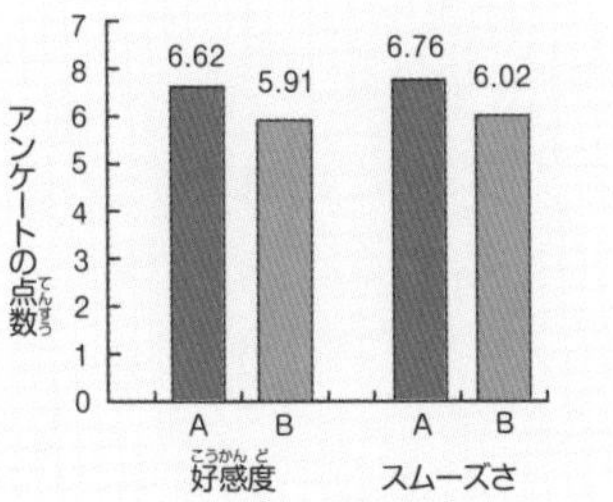
アンケートの点数《てんすう》
7
8
6
5
4
3
2
1
0
6.62
5.91
6.76
6.02
A
B
A
B
好感度《こうかんど》
スムーズさ

行動《こうどう》が似《に》ていると親近感《しんきんかん》をもちやすい

「ペアを組《く》んで、写真《しゃしん》の内容《ないよう》を相手《あいて》に言葉《ことば》やジェスチャーで伝《つた》える」という実験《じっけん》を行《おこな》った。グループAには、実験補助者《じっけんほじょしゃ》が参加者《さんかしゃ》に合《あ》わせたジェスチャーを行《おこな》った。グループBには行《おこな》わなかった。その後《ご》、参加者《さんかしゃ》に「相手《あいて》への好感度《こうかんど》」「実験《じっけん》のスムーズさ」を評価《ひょうか》してもらうと、どちらもグループAのほうが点数《てんすう》が高《たか》かった。

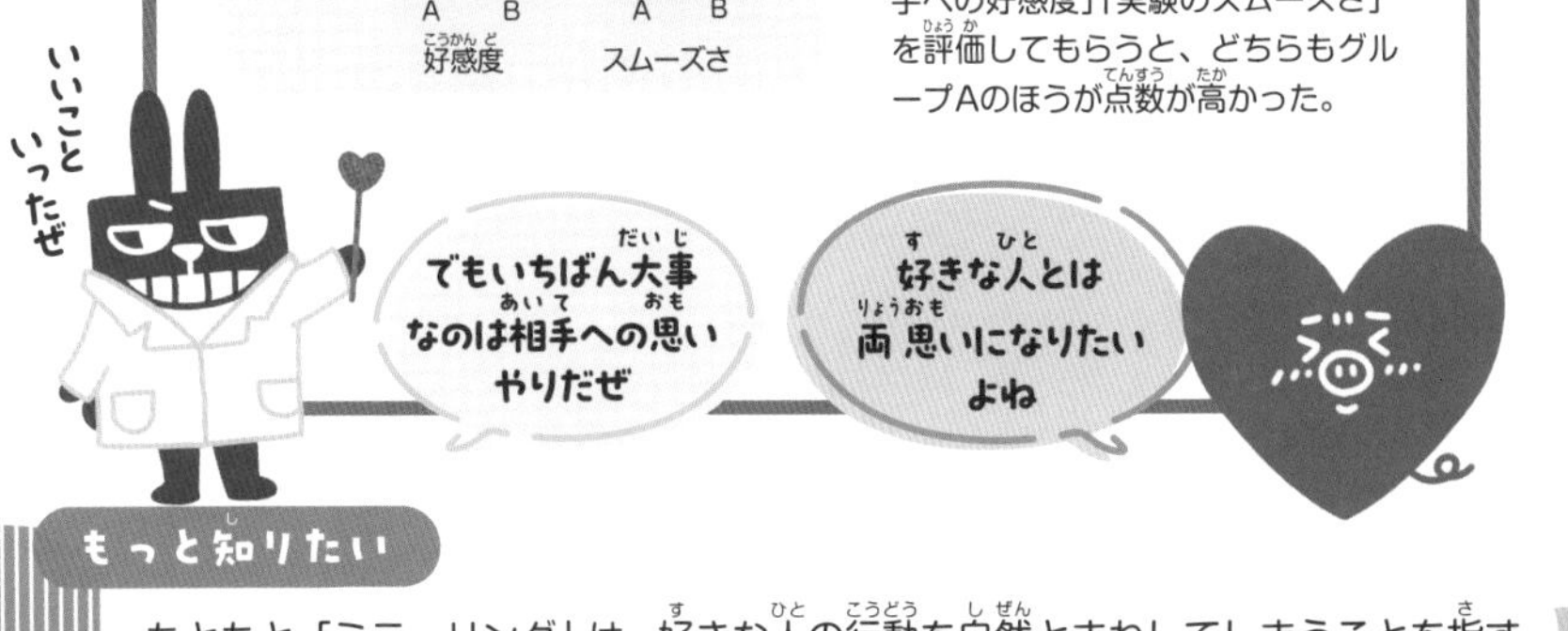
いいこと いったぜ
でもいちばん大事《だいじ》なのは相手《あいて》への思《おも》いやりだぜ
好《す》きな人《ひと》とは両思《りょうおも》いになりたいよね

もっと知《し》りたい

もともと「ミラーリング」は、好《す》きな人《ひと》の行動《こうどう》を自然《しぜん》とまねしてしまうことを指《さ》す。

用《よう》語《ご》解《かい》説《せつ》

【アイデンティティ】「自我《じが》同一性《どういつせい》」ともいう。エリクソンは、「自分《じぶん》とはこういう人間《にんげん》である」と自覚《じかく》でき、かつ現在《げんざい》の自分《じぶん》と将来《しょうらい》の自《じ》分《ぶん》とが同《おな》じ存在《そんざい》である（同一《どういつ》である）という実感《じっかん》を得《え》ることを「アイデンティティの確立《かくりつ》」といい、青年期《せいねんき》の課題《かだい》であるとした。

【アルフレッド・アドラー】オーストリアの精神科医《せいしんかい》、心理学者《しんりがくしゃ》。1870年《ねん》にウイーン郊外《こうがい》で、ユダヤ人家庭《じんかてい》に生《う》まれた。1902年《ねん》にフロイトの招《まね》きで研究《けんきゅう》グループに参加《さんか》し、共同研究者《きょうどうけんきゅうしゃ》となる。しかし、のちに考《かんが》えかたのちがいからフロイトとは決別《けつべつ》した。第一《だいいち》次世界大戦中《じせかいたいせんちゅう》、軍医《ぐんい》として召集《しょうしゅう》された際《さい》、多《おお》くの神経症患者《しんけいしょうかんじゃ》の治療《ちりょう》に携《たずさ》わることになり、人《ひと》とのつながりと心《こころ》の関係《かんけい》を重視《じゅうし》するようになった。

【うつ病《びょう》】気分《きぶん》が落《お》ちこみ、悲壮感《ひそうかん》が心《こころ》を占《し》め、そこから罪《つみ》の意識《いしき》、卑下《ひげ》、絶望感《ぜつぼうかん》、将来《しょうらい》への悲観《ひかん》などといったネガティブな思考《しこう》が生《う》まれてくる心《こころ》の病気《びょうき》。何《なに》かをする気《き》力《りょく》がなくなったり、何《なに》にも関心《かんしん》を示《しめ》さなくなったりして、日常生活《にちじょうせいかつ》に支障《ししょう》をきたす。

【エリク・H・エリクソン】1902年《ねん》にドイツで生《う》まれた。母《はは》はユダヤ系《けい》デンマーク人《じん》で、エリクソンが3歳《さい》のときに小児科医《しょうにかい》と再婚《さいこん》した。エリクソンは、その出自《しゅつじ》などからドイツ人《じん》コミュニティからも、ユダヤ人《じん》コミュニティからも差別《さべつ》を受《う》けた。この経験《けいけん》が、のちの思想形成《しそうけいせい》に大《おお》きな影響《えいきょう》をあたえている。エリクソンは画家《がか》をめざして放浪《ほうろう》したあと、フロイトの娘《むすめ》である児童精神分析学者《じどうせいしんぶんせきがくしゃ》アンナ・フロイトの弟子《でし》となった。1933年《ねん》に、ナチスの迫害《はくがい》をのがれて渡米《とべい》。これらの経験《けいけん》などから、アイデンティティ論《ろん》をつくり出《だ》した。

【カウンセリング】カウンセリングの語源《ごげん》はラテン語《ご》のconsilium（会議《かいぎ》・考慮《こうりょ》・忠告《ちゅうこく》・相談《そうだん》・知《ち》恵《え》）である。相談者《そうだんしゃ》が抱《かか》える問題《もんだい》や悩《なや》みに対《たい》し、専門的《せんもんてき》な視点《してん》からさまざまな知識《ちしき》や技術《ぎじゅつ》を用《もち》いて援《えん》助《じょ》や支援《しえん》をする行為《こうい》の総称《そうしょう》。

【カール・グスタフ・ユング】スイスの精神科医《せいしんかい》、心理学者《しんりがくしゃ》。1875年《ねん》に、スイスでプロテスタント系《けい》の牧師《ぼくし》の子《こ》どもとして生《う》まれる。バーゼル大学《だいがく》で医学《いがく》を学《まな》び、チューリヒ大学《だいがく》の精神科《せいしんか》で助手《じょしゅ》をつとめた。ユングは、降霊《こうれい》術《じゅつ》などに関心《かんしん》をもっていた。フロイトとは、フロイトの著書《ちょしょ》『夢判断《ゆめはんだん》』をきっかけに親交《しんこう》がはじまったが、のちに考《かんが》えかたのちがいから決別《けつべつ》し、分析心理学《ぶんせきしんりがく》を創始《そうし》した。国際精神分析協会《こくさいせいしんぶんせききょうかい》の初代会長《しょだいかいちょう》をつとめている。

【言語隠蔽効果《げんごいんぺいこうか》】感覚器官《かんかくきかん》で得《え》た情報《じょうほう》を言葉《ことば》にする（言語化《げんごか》する）ことで、記憶《きおく》の誤《あやま》りを引《ひ》きおこしやすくなるという効果《こうか》。

【ジークムント・フロイト】精神《せいしん》分析《ぶんせき》の創始者《そうししゃ》。のちの精神医学《せいしんいがく》に大《おお》きな影響《えいきょう》をあたえた。1856年《ねん》に、フライベルク（現在《げんざい》のチェコのプリボール）で、ユダヤ人《じん》の父《ちち》のもとに生《う》まれる。4歳《さい》で家族《かぞく》とウィーンに移住《いじゅう》し、ウィーン大《だい》学医学部《がくいがくぶ》で生理学《せいりがく》や神経病理学《しんけいびょうりがく》などを学《まな》んだ。パリに留学《りゅうがく》し、催眠《さいみん》療法《りょうほう》を行《おこな》っていた医師《いし》のシャルコーのもとで、神経症《しんけいしょう》の治療《ちりょう》に携《たずさ》わる。帰国《きこく》して開業《かいぎょう》してから、精神《せいしん》分析理論《ぶんせきりろん》を展開《てんかい》した。1938年《ねん》にナチス（国民社会主義《こくみんしゃかいしゅぎ》ドイツ労《ろう》働者党《どうしゃとう》）がウィーンを占領《せんりょう》した際《さい》にロンドンへ亡命《ぼうめい》し、亡命地《ぼうめいち》で死《し》去《きょ》した。著書《ちょしょ》に『夢判断《ゆめはんだん》』や『精《せい》神分析入門《しんぶんせきにゅうもん》』などがある。

【事後情報効果《じごじょうほうこうか》】あとからあたえられる情報《じょうほう》によって記憶《きおく》が変《か》わってしまうこと。

【シナプス】ニューロン（神経細胞《しんけいさいぼう》）とニューロンの間《あいだ》の接合部《せつごうぶ》のこと。ニューロンからニューロンへ興奮《こうふん》を伝《つた》える（シナプス伝達《でんたつ》）。シナプスの大《おお》きさによって、情報《じょうほう》の伝《つた》わりやすさが強《つよ》くなったり弱《よわ》くなったりする。

【スキーマ】学習《がくしゅう》や経験《けいけん》で得《え》た知《ち》覚《かく》や認知《にんち》は、脳《のう》の中《なか》で、共通点《きょうつうてん》があるものや似通《にかよ》ったものどうしでつなげて保存《ほぞん》される。この心《こころ》のはたらきを「スキーマ」という。

【ステレオタイプ】国《くに》や組織《そしき》、年《ねん》齢《れい》、性別《せいべつ》など、同《おな》じ社会的《しゃかいてき》カテゴリーに属《ぞく》している人《ひと》は、ある程度《ていど》共通《きょうつう》の特徴《とくちょう》をもっていると思《おも》われがちである。この特徴《とくちょう》のことを

「ステレオタイプ」という。

【セルフ・ハンディキャッピング】失敗《しっぱい》したときに自尊心《じそんしん》が傷《きず》つくのをおそれるあまり、あえて失敗《しっぱい》しやすい状況《じょうきょう》（ハンディキャップ）をつくったり、周囲《しゅうい》にハンディキャップについて発信《はっしん》したりすること。テスト前日《ぜんじつ》にゲームや掃除《そうじ》をする、周囲《しゅうい》に「ぜんぜん勉強《べんきょう》していない」ということなどが例《れい》としてあげられる。

【認知行動療法《にんちこうどうりょうほう》】ものの見《み》かたや受《う》け取《と》りかた（認知《にんち》）の修正《しゅうせい》をはかることで心《こころ》の問題《もんだい》や症状《しょうじょう》を改善《かいぜん》する「認知療法《にんちりょうほう》」と、行動《こうどう》の変化《へんか》を目指《めざ》す「行動療法《こうどうりょうほう》」を合《あ》わせたよびかた。

【認知的不協和《にんちてきふきょうわ》】心《こころ》の中《なか》に矛盾《むじゅん》する考《かんが》えがあり、不安《ふあん》や緊張《きんちょう》を覚《おぼ》えている状態《じょうたい》。

【ハロー効果《こうか》】ある点《てん》がすぐれていると、本来《ほんらい》は直接関係《ちょくせつかんけい》ないはずの別《べつ》の点《てん》まで高《たか》く評価《ひょうか》してしまうこと。逆《ぎゃく》に、何《なん》らかのネガティブな特徴《とくちょう》があると、別《べつ》のところまで低《ひく》く評価《ひょうか》してしまうことを「ホーン効果《こうか》」という。

【PM理論《りろん》】リーダーシップを、パフォーマンス（目標達成行動《もくひょうたっせいこうどう》）＝P行動《こうどう》とメンテナンス（集団維持《しゅうだんいじ》行動《こうどう》）＝M行動《こうどう》の2つの機能《きのう》からとらえた理論《りろん》。P行動《こうどう》とM行動《こうどう》を兼《か》ね備《そな》えたリーダーシップが最《もっと》も理想《りそう》とされる。

【プライミング】頭《あたま》の中《なか》で考《かんが》える内容《ないよう》が、直前《ちょくぜん》に見《み》たり聞《き》いたりした言葉《ことば》や写真《しゃしん》などから、無意識《むいしき》のうちに影響《えいきょう》を受《う》けること。「夏《なつ》の写真《しゃしん》を見《み》たあとにスイカが食《た》べたくなる」などもプライミング効果《こうか》の1つである。言語《げんご》や概念《がいねん》は、たがいに刺激《しげき》をあたえやすいということが影響《えいきょう》している。

【マインドフルネス】ヨガや瞑想《めいそう》、禅《ぜん》などから宗教的《しゅうきょうてき》な要素《ようそ》を除《のぞ》いて生《う》まれた、ストレスを減《へ》らす手法《しゅほう》。自身《じしん》の呼吸《こきゅう》や筋肉《きんにく》の動《うご》き、その瞬間《しゅんかん》に体験《たいけん》していることに集中《しゅうちゅう》することで、心《こころ》をリセットする。

Photograph

10-11 zheng qiang/stock.adobe.com
12-13 CHIHIRO/stock.adobe.com
14-15 Peak River/stock.adobe.com
16-17 hakase420/stock.adobe.com
18 tatsushi/stock.adobe.com
25 Andrey Kuzmin/stock.adobe.com
26 Mikhail Markovskiy/stock.adobe.com
27 Public domain
69 （トゥクトゥク）hit1912/stock.adobe.com,（三輪車）borisblik/stock.adobe.com
73 rozaivn58/stock.adobe.com
109 Kumi/stock.adobe.com
115 （宗教画）Renáta Sedmáková/stock.adobe.com,（身だしなみがいい人）BGStock72/stock.adobe.com,（身だしなみがよくない人）LIGHTFIELD STUDIOS/stock.adobe.com
117 L.tom/stock.adobe.com
129 （登山）Vitalii Matokha/Shutterstock. Com,（瞑想）Vitalii Matokha/Shutterstock. Com
142 exclusive-design/stock.adobe.com
146 Peeradontax/stock.adobe.com
148-149 travelview/stock.adobe.com

Illustration

◇キャラクターデザイン　宮川愛理
20-21 natali_mis/stock.adobe.com
22-23 melita/stock.adobe.com
25~33 Newton Press
35 （人の行動は「場」でかわる）robu_s/stock.adobe.com,（講義を受けたグループ）ONYXprj/stock.adobe.com,（話し合いをしたグループ）Good Studio/stock.adobe.com
37 （イスに座ろうとする男性）Newton Press,（ソファ）hisa-nishiya/stock.adobe.com,（夢）miniwide/Shutterstock.com
39 （人のシルエット）Arcady/stock.adobe.com,（思考）antto/stock.adobe.com,（その他）palau83/stock.adobe.com
41 （地に伏している人型）maimu/stock.adobe.com,（走る人型）Jane/stock.adobe.com,（人と犬）羽田野乃花
42 koti/stock.adobe.com
45 （脳）Newton Press[credit②を加筆改変],（シナプス）Newton Press
47 Newton Press
49 （記憶の種類）Newton Press, 荒内幸一,（意味記憶のネットワーク）Newton Press
49~63 Newton Press
66 Newton Press（BodyParts3D, Copyright©2008 ライフサイエンス統合データベースセンター licensed by CC表示-継承2.1 日本[http://lifesciencedb.jp/bp3d/info/license/index.html]を加筆改変）
67 berdsigns/stock.adobe.com
69 （神社）matsu/stock.adobe.com,（警官）Good Studio/stock.adobe.com,（人と犬）matsu/ stock.adobe.com
70 hisa-nishiya/stock.adobe.com
71-72 羽田野乃花
74~77 Newton Press
78-79 （矢印）Paylessimages/stock.adobe.com,（その他）Newton Press
80-81 MicroOne/stock.adobe.com
83 （博士）emma/stock.adobe.com,（人のシルエット）Arcady/stock.adobe.com
86~88 Newton Press
91 （机に向かう人）Natalia/stock.adobe.com,（鏡を見る人）MicroOne/stock.adobe.com
93 （サッカーをする子どもたち）Anastasia/stock.adobe.com,（その他）Good Studio/stock.adobe.com
95~105 Newton Press
107 robu_s/stock.adobe.com
109 Larysa/stock.adobe.com
110-111 Newton Press
113 （ニュース）pomupomu/stock.adobe.com,（スマホ）AYANO/stock.adobe.com,（テレビ）Kiyosi/stock.adobe.com
117 Deux Rondo/stock.adobe.com
119 Newton Press
120 hisa-nishiya/stock.adobe.com
123 Mono/stock.adobe.com
124-125 Newton Press
127 inspiring.team/stock.adobe.com
129 Newton Press
131 NADARAKA Inc.
132-133 Newton Press
134-135 topvectors/stock.adobe.com
136 （計算機）N ON NE ON/stock.adobe.com,（アイドル）陽子 冨田/stock.adobe.com
137 （宝）chitose/stock.adobe.com,（スポーツ）Good Studio/stock.adobe.com,（攻撃）たこ太/stock.adobe.com,（遺影）studiolaut/stock.adobe.com,（怒る子ども）ikutasu/stock.adobe.com,（親子）matsu/stock.adobe.com
138-141 秋廣翔子
145 （スマホ）PAGE/stock.adobe.com,（サポーター）Katie[カチエ]/stock.adobe.com
151~153 Newton Press
155~159 NADARAKA Inc.
161 Newton Press
163 NADARAKA Inc.
165~167 Newton Press
169 秋廣翔子
171 NADARAKA Inc.

初出 （内容は一部更新の上、掲載しています）

現代人に虫嫌いが多い理由 Newton2021 年 6 月号
心理学の授業 Newton2021 年 6 月号
意思と判断 あやつられる心 Newton2021 年 6 月号
コロナ時代の心理学 Newton 2021 年 1 月号
犯罪機会論で犯罪を防げ Newton 2020 年 4 月号
実践心理学 Newton2020 年 1 月~6 月号
心理学超入門 Newton 2019 年 12 月号
過激化する集団のからくり Newton 2022 年 7 月号
思春期の心理学 Newton 2022 年 8 月号
交渉と説得の心理学 Newton 2022 年 9 月号
バイアスの心理学 Newton 2023 年 2 月号
別冊『ゼロからわかる心理学 増補第 2 版』

Staff

Editorial Management　中村真哉
Editorial Staff　伊藤あずさ
DTP Operation　真志田桐子
Design Format　宮川愛理
Cover Design　宮川愛理

Profile 監修者略歴

横田正夫/よこた・まさお
日本大学文理学部心理学科前教授。医学博士、博士（心理学）。1954年、埼玉県生まれ。日本大学芸術学部映画学科卒業。専門は、臨床心理学。研究テーマは、統合失調症の認知障害。著書に、『描画にみる統合失調症のこころ：アートとエビデンス』などがある。

ニュートン
科《か》学《がく》の学《がっ》校《こう》シリーズ

心《しん》理《り》学《がく》の学《がっ》校《こう》

2024年6月20日発行

発行人　松田洋太郎
編集人　中村真哉

発行所　株式会社ニュートンプレス
〒112-0012 東京都文京区大塚3-11-6
https://www.newtonpress.co.jp
電話 03-5940-2451

ISBN 978-4-315-52817-6